高等职业院校技能应用型教材·计算机应用系列

信息技术工单式教程
（微课版）

李晓茹　主　编

袁福华　王玉华　武　强　副主编

U0294242

电子工业出版社·

Publishing House of Electronics Industry

北京·BEIJING

内 容 简 介

本书遵循新时代教师、教材、教法改革的要求，以系统培养高等职业院校学生的信息技术应用能力为目的，结合学生的学习特点，以项目为载体，以任务为驱动，以工单为引领，全面介绍了现代工作、生活所必需的信息技术。全书分为 10 个模块，内容涵盖了计算机系统、计算机网络基础与应用、文字处理、电子表格、演示文稿、数据库技术、网页设计、算法与程序设计基础、数字媒体技术和计算机前沿技术。

本书可作为高等职业院校和培训机构的教学用书，也可作为一般读者和专业人员的自学参考书。

图书在版编目（CIP）数据

信息技术工单式教程：微课版 / 李晓茹主编. —北京：电子工业出版社，2021.6
ISBN 978-7-121-41414-5

Ⅰ. ①信…　Ⅱ. ①李…　Ⅲ. ①电子计算机－高等职业教育－教材　Ⅳ. ①TP3

中国版本图书馆 CIP 数据核字（2021）第 117149 号

责任编辑：薛华强

印　　刷：保定市中画美凯印刷有限公司
装　　订：保定市中画美凯印刷有限公司
出版发行：电子工业出版社
　　　　　北京市海淀区万寿路 173 信箱　邮编　100036
开　　本：787×1 092　1/16　印张：12.25　字数：346 千字
版　　次：2021 年 6 月第 1 版
印　　次：2025 年 2 月第 6 次印刷
定　　价：45.00 元

凡所购买电子工业出版社图书有缺损问题，请向购买书店调换。若书店售缺，请与本社发行部联系，联系及邮购电话：（010）88254888，88258888。

质量投诉请发邮件至 zlts@phei.com.cn，盗版侵权举报请发邮件至 dbqq@phei.com.cn。

本书咨询联系方式：（010）88254569，QQ 1140210769，xuehq@phei.com.cn。

前　言

本书参照教育部发布的"高等职业教育专科信息技术课程标准（2021 年版）"和信息技术相关的考试大纲编写而成。本书遵循职业教育的教学规律，以培养学生的职业能力为目标，以信息技术应用为切入点，以完成工作任务为主线，突出了基础性、操作性、实用性等鲜明的特点，并吸收了相关的新技术、新标准。

全书分为三篇，第一篇介绍计算机系统、计算机网络基础与应用；第二篇介绍文字处理（Word 2016）、电子表格（Excel 2016）、演示文稿（PowerPoint 2016）；第三篇介绍数据库技术、网页设计、算法与程序设计基础、数字媒体技术、计算机前沿技术（包括大数据、云计算、物联网、人工智能等）。

本书具有以下特点。

（1）内容的覆盖面广。

本书参照教育部发布的"高等职业教育专科信息技术课程标准（2021 年版）"，结合高等职业院校学生的学习特点，设置了计算机网络基础与应用、网页设计、算法与程序设计基础、数字媒体技术、计算机前沿技术等教学内容，充分体现了教学内容的时代性和先进性。

（2）更具有职业性。

本书以工单为引领。工单是将企业的真实工作任务按照版式规范的要求而形成的教学资源集合。工单是教师深入企业调研后形成的，其本质是工作岗位中的"真活"，学生在完成工单的同时相当于完成了岗位中的"真活"。以工单的方式组织教学内容，可以充分调动学生的积极性，促进学生主动思考、主动训练，实现"教、学、做"的统一。

（3）紧扣计算机等级考试大纲。

本书紧密对接新版全国计算机等级考试大纲，将考点融入工单，并在任务实施的过程中有效贯穿，使计算机等级考试的内容与计算机基础知识有机结合，实现"做中学"的教学目的。

（4）数字资源更完备。

本书是新形态一体化教材，配有课程标准、教学设计、授课用 PPT、微课视频、习题答案等数字化学习资源。

本书由李晓茹老师担任主编，袁福华、王玉华、武强老师担任副主编。其中，模块 1 的工单 1.1 由李强老师编写，工单 1.2 由张宏老师编写；模块 2 的工单 2.1 由包健老师编写，工单 2.2 和工单 2.3 由吴楠老师编写；模块 3 的工单 3.1 和工单 3.2 由李晓茹老师编写，工单 3.3 由张海英、李晓茹老师编写，工单 3.4 和工单 3.5 由王玉华老师编写；模块 4 的工单 4.1 由崔艳敏老师编写，工单 4.2 由姜艳丽老师编写；模块 5 的工单 5.1 和工单 5.2 由袁福华老师编写，工单 5.3 由高舜男老师编写；模块 6 由邓福光、于发勇老师编写；模块 7 由张海英、乌仁塔娜老师编写；模块 8 由段佳炜、胡春霞老师编写；模块 9 的工单 9.1 由张学超、武强老师编写，工单 9.2 由殷慧、舒萌老师编写；模块 10 由宋奎勇、李晓茹老师编写。

本书在编写过程中，参阅了大量的文献和网上资料，在此向相关作者表示衷心的感谢。由于编者水平有限，书中难免存在不足之处，希望广大读者批评指正。

编　者

目　　录

第一篇　信息技术基础

第三篇　信息技术应用

第一篇 信息技术基础

模块 1 计算机系统

工单 1.1 台式计算机的选购

微课视频

【任务目标】

（1）了解计算机硬件系统。

（2）了解台式计算机的配件。

【任务背景】

我校毕业生王伟经过面试，被一家公司录用，分配到了企业的信息中心。由于公司的发展，需要购买一批台式计算机，王伟要运用所学的专业知识为公司提供选购方案。

这批台式计算机的配置清单如表 1-1 所示。

表 1-1 台式计算机的配置清单

配 件	配件型号及参数值
CPU 型号	Intel 酷睿 i7 8700
CPU 频率	3.2GHz
最高睿频	4.6GHz
总线规格	DMI3 8GT/s
缓存	L3 12MB
核心/线程数	6 核心/12 线程
制程工艺	14nm
内存容量	8GB
内存类型	DDR4 2400MHz
内存插槽	4 个 DIMM 插槽
最大内存容量	64GB
磁盘容量	1TB
磁盘转速	7200r/min
光驱类型	DVD 刻录机
显卡类型	独立显卡
显卡芯片	NVIDIA GeForce GT 730
显存容量	2GB

【任务规划】

任务规划如图 1-1 所示。

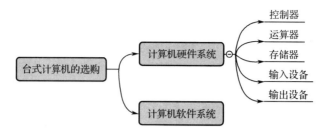

图 1-1　工单 1.1 的任务规划

【任务实施】

（1）CPU（以 Intel 酷睿 i7 4960 为例）的主要参数如表 1-2 所示。

表 1-2　CPU 的主要参数

参 数 名 称	参 数 类 型	参 数 值
CPU 频率	CPU 主频	3.6GHz
	最高睿频	4GHz
CPU 内核	核心数量	6 核心
	线程数	12 线程
	制作工艺	22nm
CPU 缓存	三级缓存	15MB
技术参数	内存控制器	四通道 DDR3 1866
	32/64 位处理器	64 位

（2）内存（以金士顿牌内存为例）的主要参数如表 1-3 所示。

表 1-3　内存的主要参数

参 数 类 型	参 数 值
内存容量	16GB
内存类型	DDR4
内存主频	3200MHz

（3）主板（以华硕牌主板为例）的主要参数如表 1-4 所示。

表 1-4　主板的主要参数

参 数 类 型	参 数 值
主芯片组	Intel B460
支持 CPU 类型	第十代 Core/Pentium/Celeron
内存类型/最大容量	4×DDR4 DIMM/128GB
扩展插槽(PCI/PCI-E/SATA)	PCI-E
板型/尺寸	Micro ATX 板型/ 24.4cm×24.4cm

（4）磁盘（以西部数据牌磁盘为例）的主要参数如表 1-5 所示。

表 1-5　磁盘的主要参数

参 数 类 型	参 数 值
品牌	西部数据
类型	机械
容量	1TB
转速	7200r/min
缓存	64MB

（5）其他配件的主要参数如表 1-6 所示。

表 1-6　其他配件的主要参数

配 件 名 称	品　牌	参 数 类 型	参 数 值
显卡	NVIDIA	显存容量	8GB
声卡	华硕	声道	5.1
显示器	飞利浦	最佳分辨率	2560×1440
鼠标	罗技	最高分辨率	12000dpi

工单 1.2　操作系统的安装

微课视频

【任务目标】

（1）了解计算机软件系统。

（2）掌握计算机操作系统的安装方法。

【任务背景】

新买的台式计算机已经到货了，王伟需要组装这些台式计算机，并根据企业的要求安装操作系统（Windows 10）。

【任务规划】

任务规划如图 1-2 所示。

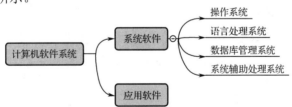

图 1-2　工单 1.2 的任务规划

【任务实施】

安装 Windows 10

（1）准备 Windows 10 的安装文件，即 ISO 镜像文件，如图 1-3 所示。

图 1-3　Windows 10 的 ISO 镜像文件

（2）将 Windows 10 的安装文件（ISO 镜像文件）复制到 DVD 驱动器或 U 盘中，或者加载到虚拟机等安装介质中，如图 1-4 所示。

图 1-4 将 Windows 10 的 ISO 镜像文件加载到 DVD 驱动器或 U 盘中

（3）通过安装介质引导启动计算机，按照步骤执行安装过程，先进入语言、时间、货币、输入法设置界面，如图 1-5 所示，设置完成后，单击"下一步"按钮。

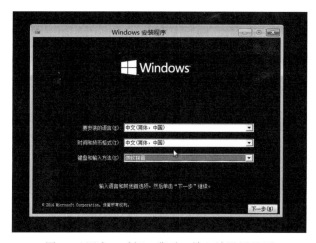

图 1-5 语言、时间、货币、输入法设置界面

（4）进入如图 1-6 所示的界面，单击"现在安装"按钮，开始安装 Windows 10。

图 1-6 单击"现在安装"按钮

（5）进入"许可条款"界面，如图 1-7 所示，选中"我接受许可条款"复选框，单击"下一步"按钮。

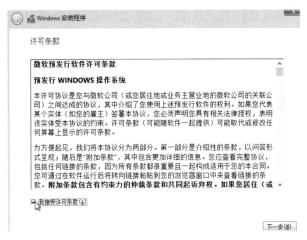

图1-7　选中"我接受许可条款"复选框

（6）选择"自定义：仅安装Windows（高级）"选项，如图1-8所示。

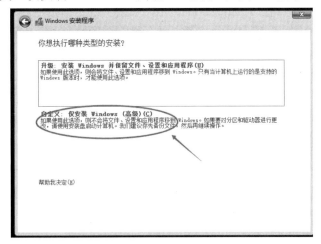

图1-8　选择"自定义：仅安装Windows（高级）"选项

（7）进入如图1-9所示的界面，单击"新建"按钮，新建分区。

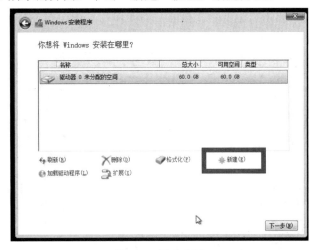

图1-9　新建分区

（8）选择新建的分区，单击"格式化"按钮，对分区进行格式化操作，如图1-10所示。

图 1-10 单击"格式化"按钮

（9）弹出格式化警告对话框，如图 1-11 所示，单击"确定"按钮。

图 1-11 弹出格式化警告对话框

（10）格式化完成后，单击"下一步"按钮，界面显示"正在安装 Windows"，下方的进度条显示"正在收集信息"，如图 1-12 所示。

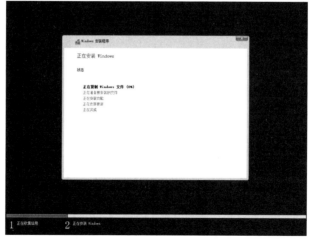

图 1-12 正在收集信息

（11）等待 1～2 分钟，进入下一阶段，下方的进度条显示"正在安装 Windows"，如图 1-13 所示。

图 1-13　正在安装 Windows

（12）Windows 10 安装完成后，界面显示"准备就绪"，如图 1-14 所示。

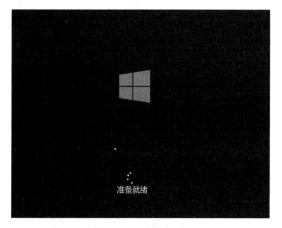

图 1-14　准备就绪

（13）界面显示"正在准备设备"，如图 1-15 所示。

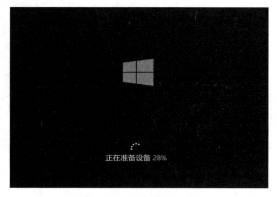

图 1-15　正在准备设备

（14）设备准备好后，进入"设置"界面，如图 1-16 所示。

图 1-16 "设置"界面

（15）设置完毕后，进入如图 1-17 所示的界面，检查 Internet 连接。

图 1-17 检查 Internet 连接

（16）Internet 连接检查完毕后，进入如图 1-18 所示的界面，请用户创建本地账户，单击"创建本地账户"按钮。

图 1-18 创建本地账户①

（17）进入"你的账户"界面，如图 1-19 所示。输入用户名和密码，并对密码进行确认，单击"完成"按钮，完成所有设置。

---

① 计算机操作系统和软件中的"帐户"的正确写法为"账户"。

图 1-19　"你的账户"界面

（18）进入如图 1-20 所示的等待界面，显示"这可能需要几分钟"，在等待过程中，请勿关闭计算机。

图 1-20　等待界面

（19）重启计算机，进入 Windows 10 桌面，如图 1-21 所示。至此，操作系统安装完成。

图 1-21　进入 Windows 10 桌面

【任务拓展】

企业员工已经掌握了 Windows 7 的基本使用方法，请在此基础上，帮助他们掌握 Windows 10 的基本使用方法。在使用 Windows 10 的过程中，进一步学习日常的计算机维护知识和防范措施。

模块 2　计算机网络基础与应用

工单 2.1　计算机网络的基本概念

【任务目标】

（1）掌握计算机网络的定义。

（2）了解计算机网络的发展。

（3）掌握计算机网络的分类和通信协议。

【任务背景】

新员工张锐被派遣到了公司的网络中心。在日常工作中，张锐需要经常接触计算机网络，在此之前，张锐并未了解过计算机网络。后来，公司对新员工进行了技能培训，张锐通过本次培训，学习并掌握了有关计算机网络的基本概念和常用技能。

【任务规划】

任务规划如图 2-1 所示。

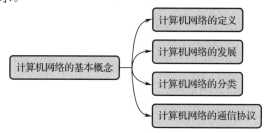

图 2-1　工单 2.1 的任务规划

【任务实施】

2.1.1　什么是计算机网络

计算机网络指用通信线路和通信设备将分布在不同地点的具有独立功能的多个计算机系统相互连接起来，在网络软件的支持下实现彼此之间的数据通信和资源共享的系统。

计算机网络是多个计算机的集合系统。

网络软件包括网络操作系统软件、网络数据库软件和网络应用软件。

（1）网络操作系统软件：UNIX、Netware、Windows NT、Linux 等。

（2）网络数据库软件：Oracle、Sybase、SQL Server、Informix 等。

（3）网络应用软件：Internet Explorer（IE）等。

2.1.2　数据通信基础

1. 数据通信系统的构成

一个完整的数据通信系统通常由源计算机、目的计算机、传输数据和通信线路组成。

2. 数字信号与模拟信号

模拟信号指幅度和频率连续变化的信号；数字信号的自变量是离散的、因变量也是离散的。模拟信号和数字信号的波形图如图 2-2 所示。模拟信号是连续变化的信号，衰减得较慢，适合长距离传输。

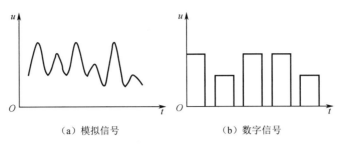

（a）模拟信号　　　　　　　　　　（b）数字信号

图 2-2　模拟信号和数字信号的波形图

数字信号与模拟信号的转换由调制解调器（Modem）完成。

数字信号的传输方式分为并行传输方式和串行传输方式。

3．数字信道与模拟信道

信道指向某一方向传输信息的媒体。

4．基带信号与宽带信号

基带信号（Baseband）：每次只在介质上发送一个信号。

宽带信号（Broadband）：基带信号经过调制后形成的频分复用模拟信号。

5．传输速率

传输速率有两种表示方法。

比特/秒（bit/s）：单位时间传输的信息量。

波特（baud）：信号在调制过程中，调制状态每秒转换的次数。

6．通信方式

通信方式指通信双方的信息交互方式，可分为单工通信、半双工通信和全双工通信。

（1）单工通信。单工通信指信息始终按一个方向传输，而不进行反向的传输。例如，无线电广播和电视信号都采用单工通信。

（2）半双工通信。半双工通信指信息可按两个方向传输，但同一时刻只限一个方向传输。例如，无线电收发报机采用半双工通信。

（3）全双工通信。全双工通信指能同时进行双向通信。例如，电话、手机均采用全双工通信。

2.1.3　计算机网络的形成与分类

1．形成阶段

（1）远程终端联机阶段，拓扑结构图如图 2-3 所示。美国于 1963 年使用的飞机订票系统就属于这个阶段的产物。

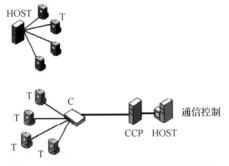

图 2-3　远程终端联机阶段的拓扑结构图

（2）计算机网络阶段，拓扑结构图如图 2-4 所示。互联网的前身——阿帕网（ARPANet）就属于这个阶段的产物。

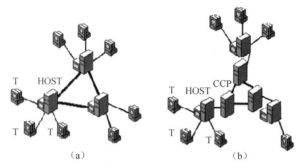

图 2-4　计算机网络阶段的拓扑结构图

（3）计算机网络互联阶段：1984 年，国际标准化组织公布了开放系统互联模式（OSI）。

（4）信息高速公路阶段：以光纤为传输媒介，搭建起传输速率极高的信息高速公路网。信息高速公路的主要特点如下。

高速、精准地传递数字化的多媒体信息。

以新的存储方式保存大量数据。

搭建开放型、交互式的大型系统。

2．计算机网络的分类

按覆盖范围进行分类：

局域网 LAN（Local Area Network）；

广域网 WAN（Wide Area Network）；

城域网 MAN（Metropolitan Area Network）。

2.1.4　计算机网络的通信协议

1974 年，美国的 IBM 公司对外公布了它研制的系统网络体系结构（SNA，System Network Architecture）。1977 年，国际标准化组织（ISO）提出了一种试图让各种计算机在世界范围内相互连接的标准框架，即著名的开放系统互连基本参考模型（OSI/RM，Open Systems Interconnection Reference Model），简称为 OSI 参考模型。

OSI 参考模型的体系结构如图 2-5 所示。

- 应用层 Application　高层
- 表示层 Presentation

Please Do Not Touch or Steal Peter's Apple!

- 数据链路层 Data Link
- 物理层 Physical　底层

图 2-5　OSI 参考模型的体系结构

工单 2.2　检查 TCP/IP 配置、检测网络连接

微课视频

【任务目标】

（1）理解各项网络配置的含义。

（2）学会配置和修改 TCP/IP 参数。

（3）掌握检测网络连接的方法。

【任务背景】

张红是公司财务部新入职的员工，公司为其配备了计算机。公司为了统一管理，要对张红的办公计算机配置 TCP/IP 参数，并检测网络是否通畅。

【任务规划】

任务规划如图 2-6 所示。

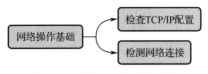

图 2-6　工单 2.2 的任务规划

【任务实施】

2.2.1　检查并设置计算机的 TCP/IP 协议参数

（1）执行"开始"→"控制面板"→"网络和 Internet"→"查看网络状态和任务"菜单命令，打开如图 2-7 所示的对话框，选择"本地连接"选项。

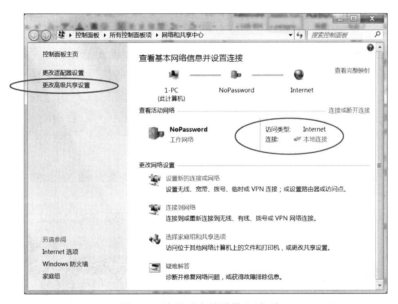

图 2-7　选择"本地连接"选项

（2）在打开的"本地连接 状态"对话框中单击"属性"按钮，打开"本地连接 属性"对话框（见图 2-8）。

（3）在"本地连接 属性"对话框中，双击"Internet 协议版本 4(TCP/IPv4)"选项，打开"Internet 协议版本 4(TCP/IPv4)属性"对话框（见图 2-9），设置计算机的 IP 地址、子网掩码、默认网关和 DNS 服务器地址，此处可根据实际情况修改各项参数。

图 2-8 "本地连接 属性"对话框

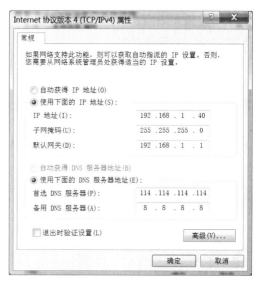
图 2-9 "Internet 协议版本 4(TCP/IPv4)属性"对话框

2.2.2 检测本地计算机是否与网络连通

Windows 提供了 ping 命令,用于检测本地计算机是否与网络连通。其工作原理如下:本地计算机向网络中的某个远程主机发送一系列信息包,远程主机再将信息包返回。如果本地计算机或远程主机未与网络连通,ping 命令发出的信息包就会丢失,也无法返回,系统将给出提示信息"Request time out"。如果本地计算机安装了防火墙,ping 命令的执行结果也是"Request time out"。

ping 命令的格式:

ping IP 地址或域名

使用 ping 命令也可以向网关发送信息包,以便检测本地计算机是否与网络连通。操作步骤如下。

(1)执行"开始"→"运行"菜单命令,在"运行"对话框中输入"cmd",单击"确定"按钮,打开"命令提示符"窗口。

(2)使用 ping 命令向网关 192.168.1.1(本机之前配置的 DNS 地址)发送信息包(见图 2-10)。

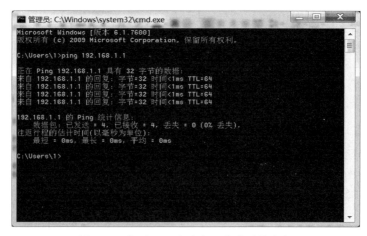
图 2-10 使用 ping 命令向网关发送信息包

2.2.3 查看网卡的 MAC 地址

在"命令提示符"窗口中输入"ipconfig /all"，查看本地计算机网卡的 MAC 地址（见图 2-11）。

图 2-11　查看网卡的 MAC 地址

工单 2.3　电子邮件的概念和应用

微课视频

【任务目标】

掌握电子邮件的使用方法。

【任务背景】

新员工张帆在日常工作中，需要频繁使用电子邮件。在此之前，她并未触过电子邮件。后来，公司对新员工进行了技能培训，张帆通过本次培训，学习并掌握了有关电子邮件的基本概念和使用方法。

【任务规划】

任务规划如图 2-12 所示。

图 2-12　工单 2.2 的任务规划

【任务实施】

除在 Web 页面上收发电子邮件外，用户还可以使用电子邮件客户端软件。在日常工作中，使用电子邮件客户端软件比较方便，因为这些软件的功能非常强大。目前，电子邮件客户端软件有很多，如 Foxmail、金山邮件、Microsoft Outlook（以下简称 Outlook）等。虽然各软件的界面有所不同，但其操作方法基本都是类似的。例如，若想发送电子邮件，则必须填写收件人的邮件地址、邮件主题等。下面以 Outlook 为例，详细介绍有关电子邮件的各项操作。

2.3.1 账号的设置

使用 Outlook 收发电子邮件前，必须先对 Outlook 进行账号设置。打开 Outlook 后，执行"文件"→"信息"菜单命令，单击"添加账户"按钮（见图 2-13），打开"添加账户"对话框（见

图 2-14），选中"电子邮件账户"单选钮，单击"下一步"按钮，填写电子邮件地址和密码等信息（见图 2-15），单击"下一步"按钮，Outlook 会自动联系邮箱服务器进行账户配置，稍后提示"设置配置完成"（见图 2-16），说明账户配置成功。

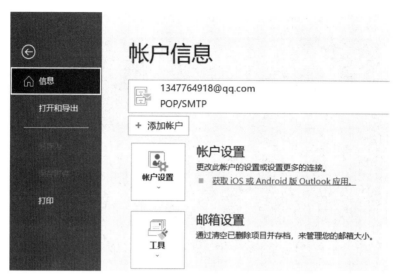

图 2-13　单击"添加账户"按钮

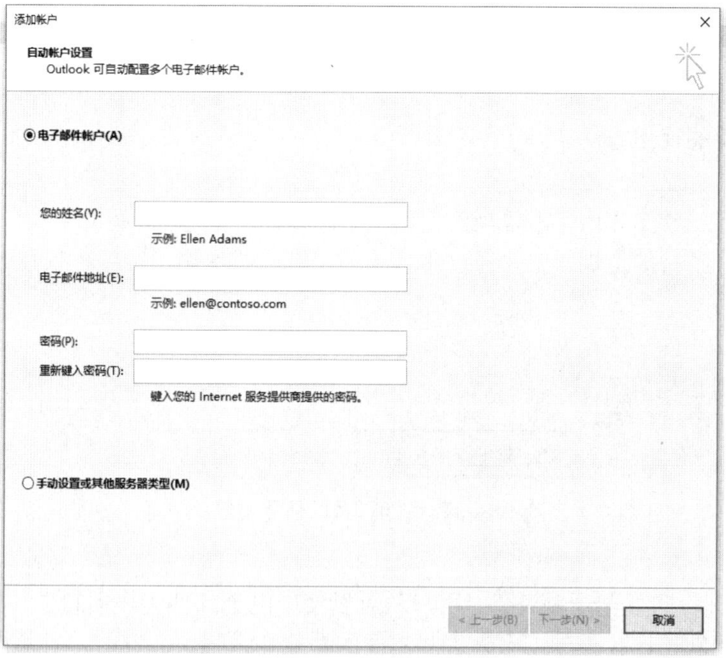

图 2-14　"添加账户"对话框

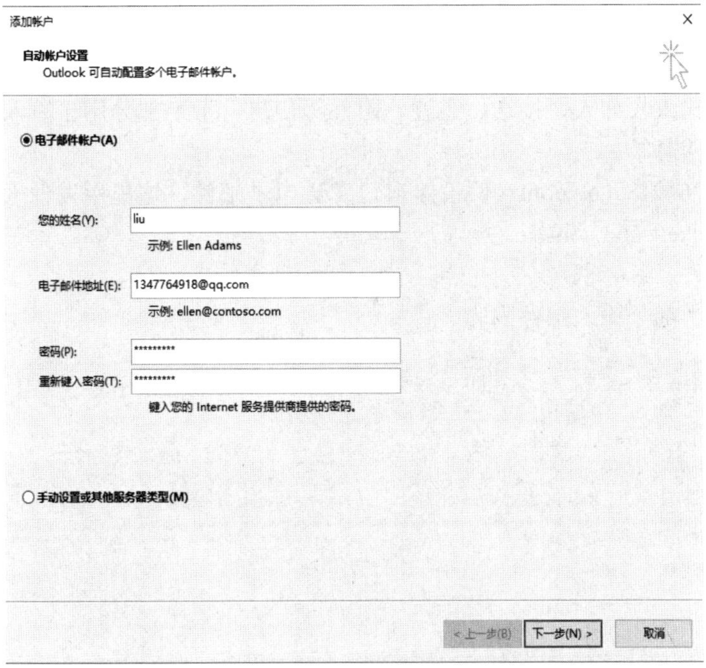

图 2-15　填写电子邮件地址和密码等信息

图 2-16　账户配置成功

完成操作后，执行"文件"→"信息"菜单命令，在"账户信息"界面可以看到 1347764918@qq.com，此时就可以使用 Outlook 收发电子邮件了。

2.3.2　撰写与发送邮件

在 Outlook 中设置好账户后，就可以收发电子邮件了。先试着给自己发送一封实验邮件，具体操作步骤如下。

（1）从"开始"菜单启动 Outlook。

（2）在"开始"选项卡中，单击"新建电子邮件"按钮，打开撰写新邮件窗口（见图 2-17）。窗口上半部分用于输入收件人、抄送、主题、附件等信息，下半部分用于输入邮件内容。在窗口上半部分输入以下信息。

收件人：1347764918@qq.com（假设给自己发送电子邮件，这里用发件人的 E-mail 地址）。

抄送：john_locke@163.com。

主题：测试邮件。

（3）在窗口下半部分输入邮件内容。

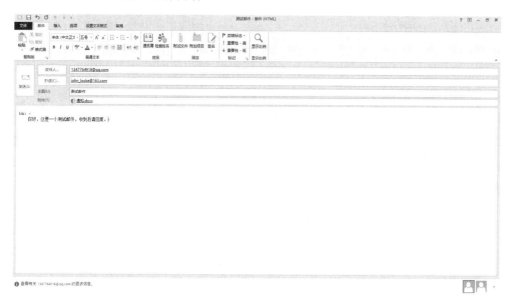

图 2-17　撰写新邮件窗口

（4）单击"发送"按钮，即可将电子邮件发送至收件的电子邮箱。

如果脱机撰写电子邮件，则电子邮件会保存在"发件箱"中，待计算机下次连接互联网时，Outlook 会自动发出该电子邮件。用户在撰写新邮件窗口的下半部分输入邮件内容后，可以进行编辑，编辑方法与 Word 中的操作方法类似，比如改变字体颜色、大小，调整对齐格式，插入表格和图片等。

2.3.3　在电子邮件中插入附件

如果要通过电子邮件发送计算机中的其他文件，如 Word 文档、数码照片等，可以把这些文件当作邮件的附件随邮件一起发送。撰写电子邮件时，可以按下面的步骤插入指定的文件。

（1）在 Outlook 中，单击"邮件"选项卡的"附加文件"按钮，打开"插入文件"对话框（见图 2-18）。

（2）在对话框中选择要插入的文件，单击"插入"按钮。

（3）在撰写新邮件窗口的"附件"文本框中显示添加的附件。

（4）另一种插入附件的方法：直接把文件拖到撰写新邮件窗口中，该文件会自动成为邮件的附件。

图 2-18　"插入文件"对话框

2.3.4　回复邮件与转发邮件

1.　回复邮件

如果要对邮件进行回复，则在邮件阅读窗口中单击"答复"或"全部答复"按钮，弹出回复邮件窗口（见图 2-19），在该窗口中，发件人地址和收件人地址已由系统自动填好，原邮件的内容也作为引用内容显示出来。编写回复邮件时，允许原邮件的内容和回复邮件的内容交叉，以便引用原邮件的语句。回复邮件写好后，单击"发送"按钮。

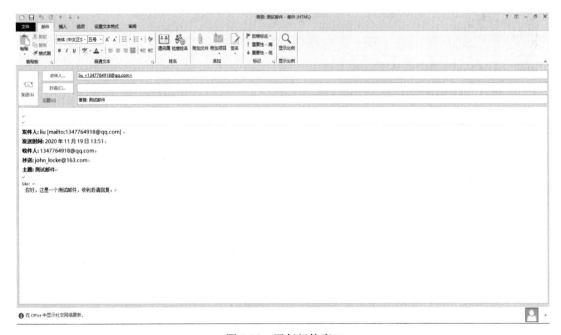

图 2-19　回复邮件窗口

2. 转发

如果用户觉得有必要让其他人阅读自己收到的这封电子邮件（如通知、文件等），就可以转发该邮件。操作步骤如下。

（1）对于正在阅读过的电子邮件，直接单击"转发"按钮；对于收件箱中的电子邮件，可以先选择要转发的电子邮件，然后单击"转发"按钮。之后，均可进入转发邮件窗口。

（2）填入收件人地址，多个地址之间用逗号或分号隔开。

（3）必要时，在待转发的电子邮件下方撰写附加信息。最后，单击"发送"按钮。

2.3.5 联系人功能

联系人是 Outlook 中十分有用的功能。用户借助此功能不仅可以保存联系人的邮编、通信地址、电话号码和传真号码等信息，还可以实现自动填写电子邮件地址、进行电话拨号等操作。下面简单介绍联系人功能的使用方法。

添加联系人的信息，具体步骤如下。

（1）在 Outlook 的"开始"选项卡中，选择左下角的"联系人"选项，打开联系人管理窗口。在该窗口中可以查看已有的联系人名片（显示联系人的姓名、E-mail 等摘要信息）。双击某个联系人的名片，即可查看该联系人的详细信息，并对其进行编辑。选择某个联系人的名片，单击"电子邮件"按钮，就可以给该联系人发送电子邮件了。

（2）单击"新建联系人"按钮，打开新建联系人窗口（见图 2-20），填写联系人的信息，联系人的信息包括姓氏、名字、公司、电子邮件、电话号码、地址及头像等。

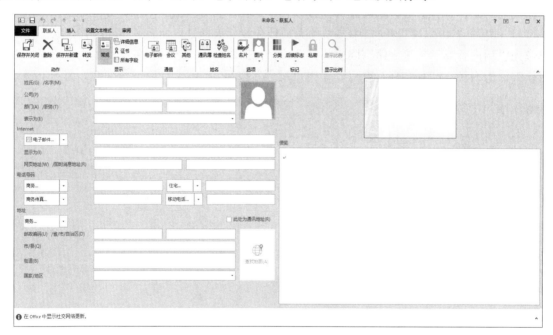

图 2-20　新建联系人窗口

（3）将联系人的各项信息输入相应的文本框中，单击"保存并关闭"按钮。

完成上述步骤，即可将联系人的信息储存在通讯簿中。

提示：在邮件预览窗口中，右击电子邮件地址，在弹出的快捷菜单中选择"添加到 Outlook 联系人"选项，即可将该电子邮件地址添加到联系人（见图 2-21）。

图 2-21 将电子邮件地址添加到联系人

【任务拓展】

（1）将 Ben Linus（电子邮件地址 benlinus@sohu.com）添加到 Outlook 联系人，然后给 Ben Linus 发送一封电子邮件，主题为"寻求帮助"，正文内容为"Ben，你好，请你将系统帮助手册发给我一份，谢谢。"

（2）使用 Outlook 给袁琳（电子邮件地址 yuanlin2000@sogou.com）发送电子邮件，插入附件"关于节日安排的通知.txt"，并使用密件抄送功能将此电子邮件发送给 Ben Linus。

第二篇　办公应用基础

模块 3　文字处理

工单 3.1　制作投标函

微课视频

【任务目标】

（1）熟悉 Microsoft Word 2016 的工作界面。

（2）掌握文档的基本操作。

（3）掌握文档的基本编辑技术。

（4）掌握文档的排版技术。

（5）掌握文档的版面设置方法。

（6）掌握文档的打印方法。

【效果展示】

投标函如图 3-1 所示。

投 标 函

按照贵方招标第＿＿＿＿号＿＿＿＿公司授权＿＿＿＿为全权代表，参加贵方组织的＿＿＿＿设备采购招标的有关活动，并对该工程设备进行投标，为此：

　　1、提供投标须知规定的全部投标文件；

　　　　● 商务标书：正本壹份，副本伍份；

　　　　● 技术标书：正本壹份，副本伍份；

　　2、投标货物的总投标价为人民币＿＿＿＿元整（￥＿＿＿＿万元）。

　　3、保证遵守招标文件中的有关规定和收费标准。

　　4、保证忠实地执行双方所签定的经济合同，并承担合同规定的责任义务。

　　5、愿意向贵方提供任何与该项投标有关的数据、情况和技术资料。

　　6、本投标自开标之日起 90 天内有效。

特此函告。

投标单位：（公章）

全权代表：（签字）

年　　月　　日

图 3-1　投标函

【任务背景】

王伟是一名刚入职的新员工，由于工作原因，王伟需要经常使用 Microsoft Word 2016（以下简称"Word 2016")。但是，王伟对 Word 2016 的操作还不熟练，于是公司安排一名有经验的员工指导王伟，先从制作企业公函入手，逐步学习 Word 2016 的各种操作方法和使用技巧。

【任务规划】

任务规划如图 3-2 所示。

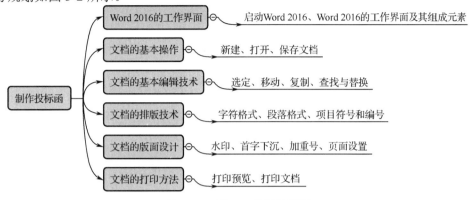

图 3-2　工单 3.1 的任务规划

【任务实施】

3.1.1　新建、保存、打开文档

1. 启动 Word 2016 并新建文档

（1）常用的 Word 2016 的启动方法：单击"开始"菜单按钮，在"所有程序"列表中选择"Word 2016"选项（见图 3-3）。如果桌面上有 Word 2016 图标，则双击该图标也可以启动 Word 2016。

图 3-3　通过"开始"菜单启动 Word 2016

（2）启动 Word 2016 后，系统默认打开 Word 2016 的开始界面（见图 3-4），上方显示一些常用的文档模板，下方显示最近打开过的文档。单击"空白文档"按钮，或者按 Ctrl+N 组合键，创建空白文档，进入 Word 2016 的工作界面。

【提示】Word 2016 提供了丰富的模板，利用它们可以制作出专业、美观的文档。选择某个模板，在打开的界面中单击"创建"按钮，可以从网上下载并创建带有格式的模板，以便快速制作文档。

图 3-4　Word 2016 的开始界面

（3）认识 Word 2016 的工作界面及其组成元素（见图 3-5）。

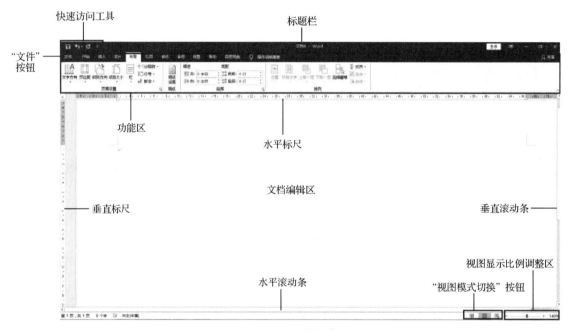

图 3-5　Word 2016 的工作界面

① 快速访问工具栏：用于放置一些使用频率较高的工具。默认情况下，该工具栏包含"保存"按钮🔲、"撤销"按钮🔄和"恢复"按钮🔄。如果要添加其他命令按钮，可单击快速访问工具栏右侧的"自定义快速访问工具栏"按钮，在弹出的列表中选择需要添加的命令，使其左侧显示√。

② 标题栏：位于窗口的顶端，在标题栏中显示了当前的文档名称、程序名称和窗口控制按钮。单击右侧的三个窗口控制按钮，可将窗口最小化、还原或最大化、关闭。

③ "文件"按钮：单击该按钮，从打开的界面中选择相应的选项，以便对文档执行新建、保存、打印、共享和导出等操作。

④ 功能区：用选项卡的方式分类存放编辑文档时所需的工具和命令按钮。单击功能区上方的选项卡进行切换，从而显示不同的工具和命令按钮。在每个选项卡中，工具和命令按钮又按类别放置在不同的组中（见图 3-5），某些组的右下角有一个对话框启动按钮，单击该按钮可打开相应的对话框。例如，单击"字体"组右下角的对话框启动按钮，可以打开"字体"对话框，以便

对字体进行设置。

⑤ 标尺：分为水平标尺和垂直标尺，用于确定文档内容在页面上的位置，以及设置段落缩进等。如果想显示标尺，则在"视图"选项卡的"显示"组内选中"标尺"复选框。

⑥ 文档编辑区：用户进行文本输入、编辑和排版的地方。在文档编辑区的左上角有一个不停闪烁的光标，被称为插入符，用于定位当前编辑的位置。在编辑区中，每输入一个字符，插入符会自动向右移动一个占位符。

⑦ 状态栏：位于 Word 窗口的底部，其左侧显示了当前文档的状态和相关信息，右侧为"视图模式切换"按钮和视图显示比例调整区。

2．保存、关闭文档

（1）单击"快速访问工具栏"的"保存"按钮（快捷方式为 Ctrl+S 组合键），或者执行"文件"→"保存"菜单命令（见图 3-6）。此外，还可以执行"文件"→"另存为"菜单命令，打开"另存为"界面，设置文件的存储路径（见图 3-7）。

图 3-6　选择"保存"选项　　　　　　　　　　　　　　图 3-7　"另存为"界面

（2）设置好文件的存储路径后，弹出"另存为"对话框（见图 3-8）。在"另存为"对话框中输入文件名，如"投标函"，选择保存类型，如"Word 97-2003 文档"，单击"保存"按钮。若想改变文件的存储路径，则在对话框左侧进行更改。

图 3-8　保存文档

【提示】在"保存类型"下拉列表中选择文档的保存类型时，默认为"Word 文档（*.docx）"，用户也可以根据需要选择其他保存类型。例如，若希望文档能被 Word 的早期版本（Word 2003）打开，则选择"Word 97-2003 文档（*.doc）"类型。

3．打开文档

（1）执行"文件"→"打开"菜单命令，或者按 Ctrl+O 组合键，打开"打开"界面（见图 3-9）。

图 3-9　"打开"界面

（2）在"打开"界面中，选择"最近"选项，右侧显示了最近打开过的文档名称，单击文档名称，打开相应的文档。若文档不在列表中，则在"打开"界面中选择"浏览"选项，弹出"打开"对话框，选择要打开的文档，单击"打开"按钮（见图 3-10）。

图 3-10　"打开"对话框

3.1.2　输入文档内容

1．输入文字和符号

（1）使用键盘并切换输入法，输入汉字、英文和标点符号。需要注意，每个段落输入完成后，按 Enter 键，系统将插入一个"段落标记"，光标将移至下一行，段落内的换行操作由系统自动完成。

（2）若要输入特殊符号，如"¥"，则在"插入"选项卡中，单击"符号"组内的"符号"按钮，在弹出的下拉列表中选择需要的符号；若下拉列表中没有需要的符号，则选择"其他符号"选项（见图 3-11）。

（3）打开"符号"对话框（见图 3-12），在"字体"和"子集"下拉列表中选择相应的类型，然后选择需要插入的符号，单击"插入"按钮，将所选的符号插入指定位置。

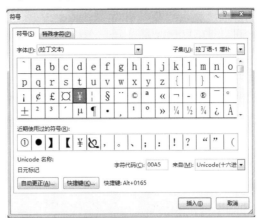

图 3-11 "符号"下拉列表　　　　　　图 3-12 "符号"对话框

3.1.3 编辑文本

1．选定文本

（1）选定连续文本。将光标置于目标文本的第一个字符前，按住鼠标左键不放，拖动鼠标，直到选定目标文本的最后一个字符，释放鼠标左键；或者将光标置于目标文本的第一个字符前，再按住 Shift 键不放，在目标文本的最后一个字符后单击。

（2）选定不连续的多处文本。先选定第一处文本，将光标置于第一处目标文本的第一个字符前，按住鼠标左键不放，拖动鼠标，直到选定第一处目标文本的最后一个字符，释放鼠标左键，按住 Ctrl 键不放，用同样的方法，选定其他几处文本。

（3）选定词语。在要选定的词语内的某个字上双击。

（4）选定句子。按住 Ctrl 键不放，在要选定的句子内的任意位置单击。

（5）选定段落。在要选定的段落内的任意位置快速单击三次。

（6）选定全文。按 Ctrl+A 组合键。

【提示】选定栏指文档内容左边界到页面左边界之间的空白区域。鼠标指针移至此处时为 ⌐ 形状。可利用选定栏选定词语、行、段落、全文等。

2．复制与移动文本

（1）选定要复制的文本，在"开始"选项卡中单击"复制"按钮 ⎙ 复制，或者按 Ctrl+C 组合键，将光标移至目标位置，在"开始"选项卡中单击"粘贴"按钮 ⎙，或者按 Ctrl+V 组合键。

（2）选定要移动的文本，在"开始"选项卡中单击"剪切"按钮 ✂ 剪切，或者按 Ctrl+X 组合键，将光标移至目标位置，在"开始"选项卡中单击"粘贴"按钮 ⎙，或者按 Ctrl+V 组合键。

3．撤销与恢复

（1）撤销一次或多次操作。每单击一次快速访问工具栏中的"撤销"按钮 ↺，或者按 Ctrl+Z 组合键，可撤销前一步操作，参照此方法，撤销多次操作，直到撤销次数达到最大值，或者无可撤销操作为止。单击"撤销"按钮右侧的倒三角按钮，可直接从下拉列表中选择需要撤销操作的位置。

（2）若要恢复某个撤销的操作，可单击快速访问工具栏上的"恢复"按钮 ↻ 或按 Ctrl+Y 组合键。

4．查找与替换

将"投标函.doc"中的文本"保管"替换为"保证"。

（1）在"开始"选项卡中，单击"编辑"组内的"替换"按钮，打开"查找和替换"对话框，切换至"替换"选项卡。

（2）在"查找内容"文本框中输入"保管"，在"替换为"文本框中输入"保证"，单击"全部替换"按钮，关闭对话框（见图 3-13）。

【提示】利用替换功能还可以进行高级查找和替换操作。在"查找和替换"对话框中单击"更多"按钮，在弹出的对话框中进行操作。

图 3-13　替换文本

3.1.4　设置文档的字符格式和段落格式

1．设置字符格式

（1）打开"投标函.doc"，选定标题文字，在"开始"选项卡中，打开"字体"组内的"字体"下拉列表，选择"黑体"选项，在"字号"下拉列表中选择"二号"选项，单击"加粗"按钮（见图 3-14）。

（2）选定句子"　　　　元整（￥　　　万元）"，单击"下画线"按钮，添加下画线（见图 3-14）。

图 3-14　"字体"组

（3）选定全部正文，单击"字体"功能组右下角的对话框启动按钮（见图 3-14），打开"字体"对话框。在"中文字体"下拉列表中选择"楷体"选项，在"字号"下拉列表中选择"四号"选项，单击"确定"按钮（见图 3-15）。

图 3-15　"字体"对话框

2．设置段落格式

（1）将光标定位在标题中，在"开始"选项卡中，单击"段落"组内的"居中"按钮，将标题居中对齐。选定底部的"投标单位"等三行文本，单击"右对齐"按钮，使文本右对齐（见图 3-16）。

图 3-16　设置段落的对齐方式

（2）保持光标的位置不变，在"布局"选项卡的"段落"组中设置段前间距和段后间距均为 1.5 行（见图 3-17）。

图 3-17　设置段前间距和段后间距

（3）同时选定除标题外的所有段落，在"开始"选项卡中，单击"段落"组右下角的对话框启动按钮，打开"段落"对话框（见图 3-18）。在"缩进"区域的"特殊"下拉列表中选择"首行"选项，设置"缩进值"为"2 字符"；在"间距"区域的"行距"下拉列表中选择"多倍行距"选项，将"设置值"设置为"1.35"，单击"确定"按钮。

图 3-18　设置段落格式

3.1.5　设置项目符号和编号

1．添加项目符号

（1）选定要添加项目符号的段落（见图3-19）。

商务标书：正本壹份，副本伍份；

技术标书：正本壹份，副本伍份；

图 3-19　选定要添加项目符号的段落

（2）在"开始"选项卡中，单击"段落"组内的"项目符号"按钮右侧的倒三角按钮，弹出项目符号列表（见图 3-20），将鼠标指针移至某个项目符号上面，可在文档中动态预览该项目符号的效果；单击项目符号，可将该项目符号应用于所选段落。

图 3-20　项目符号列表

（3）若列表中没有需要的项目符号，可选择列表下方的"定义新项目符号"选项，打开"定义新项目符号"对话框（见图 3-21），单击"符号"按钮，在弹出的"符号"对话框中选择要作为项目符号的符号（见图 3-22）。

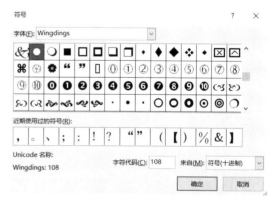

图 3-21　"定义新项目符号"对话框　　　　图 3-22　"符号"对话框

2．添加编号

（1）选定要添加编号的段落（见图3-23）。

（2）在"开始"选项卡中，单击"段落"组内的"编号"按钮 右侧的倒三角按钮，在打开的"编号"列表中选择一种编号格式，为所选段落添加编号（见图3-24）。

提供投标须知规定的全部投标文件：

● 商务标书：正本壹份，副本伍份；

● 技术标书：正本壹份，副本伍份；

投标货物的总投标价为人民币……元整（￥……万元）。

保管遵守招标文件中的有关规定和收费标准。

保管忠实地执行双方所签定的经济合同，并承担合同规定的责任

义务。

愿意向贵方提供任何与该项投标有关的数据、情况和技术资料。

本投标自开标之日起90天内有效。

图 3-23　选定要添加编号的段落

图 3-24　选择编号格式

（3）若"编号"列表中没有符合要求的编号，可在"编号"列表底部选择"定义新编号格式"选项，在弹出的"定义新编号格式"对话框中自定义编号格式（见图 3-25）。

图 3-25　"定义新编号格式"对话框

3.1.6　设置水印

（1）在"设计"选项卡中，单击"页面背景"组内的"水印"按钮，打开"水印"列表（见图 3-26），选择系统内置的水印样式。

（2）若想自定义水印，则可以在"水印"列表中选择"自定义水印"选项，打开"水印"对

话框（见图 3-27），若选中"图片水印"单选钮，则可以单击"选择图片"按钮，选择需要的图片作为水印。

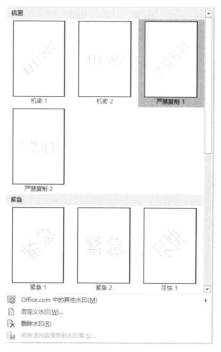

图 3-26 "水印"列表

（3）若选中"文字水印"单选钮，则可以在"文字"下拉列表中选择或输入文本，此处输入文字"投标"，设置字体为"隶书"，字号为"自动"，颜色为"红色"，选中"半透明"复选框和"斜式"单选钮，单击"确定"按钮（见图 3-27）。

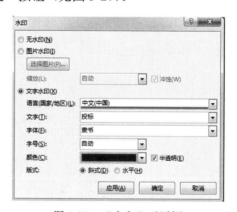

图 3-27 "水印"对话框

3.1.7 设置首字下沉

（1）将光标定位在正文第一段，在"插入"选项卡中，单击"文本"组内的"首字下沉"按钮，打开"首字下沉"列表，从中选择一种下沉方式（见图 3-28）。

（2）若要对首字下沉做更进一步的设置，则在"首字下沉"列表中选择"首字下沉选项"选项，打开"首字下沉"对话框，设置下沉的位置、下沉文字的字体、下沉行数及距正文的距离（见图 3-29）。

图 3-28 "首字下沉"列表　　　图 3-29 "首字下沉"对话框

3.1.8 设置加重号

（1）选定正文最后一段的文本"自开标之日起 90 天内"并右击，在弹出的快捷菜单中选择"字体"选项，打开"字体"对话框。

（2）在"字体"选项卡的"下画线[1]线型"下拉列表中选择"波纹线"选项，在"下画线颜色"下拉列表中选择绿色，单击"确定"按钮（见图 3-30）。

图 3-30 "字体"对话框

3.1.9 页面设置

在"布局"选项卡的"页面设置"组中，分别单击"文字方向""页边距""纸张方向""纸张大小"按钮下方的倒三角按钮，完成页面设置（见图 3-31）。

---

① 软件截图中的"下划线"的正确写法应为"下画线"。

图 3-31 "页面设置"组

3.1.10 文档打印

（1）执行"文件"→"打印"菜单命令，在窗口的右侧显示打印预览的内容，确认无误后，再打印文档（见图 3-32）。

图 3-32 显示打印预览的内容

（2）在窗口左侧的"份数"文本框内设置文档打印的数量；若要打印当前页面，则单击"打印所有页"按钮右侧的倒三角按钮，在弹出的下拉列表中选择"打印当前页面"选项；若选择"自定义打印范围"选项，则需要设置打印范围（见图 3-33）。

图 3-33 设置打印范围

【任务拓展】

制作如图 3-34 所示的招生简章。

鲲鹏培训学校 2020 年招生简章

鹏集团成立于 1994 年 11 月 19 日，是××大学下属的大型高科技国有控股企业。"鲲鹏"一词源于计算机软件重大科技攻关项目"鲲鹏工程"。

为适应日益增长的计算机教育发展的需要，拓展我国计算机职业教育市场，开发信息技术产业人力资源，鲲鹏集团依托××大学强大的师资力量与社会影响力，凭借集团雄厚的技术力量与资金支持，在上级有关部门和兄弟单位的大力支持下，与世界上规模较大的专业计算机教育公司 —— APTECH 公司强强联合，在吸收其先进的管理教学经验、灵活机动、以人为本的课程设置的基础上，斥巨资成立鲲鹏计算机教育公司，与各学校合作，全面进军计算机教育领域。

一、招生对象

年满 18 岁，高中以上学历，喜欢计算机的在校学生、待业人员、在职人员。

A.针对高中学历开设"零起点班"。

B.针对中专、职高、技校学历开设"高薪就业班"。

C.针对大专学历开设"白领班"。

D.针对本科学历开设"名企定向班"。

二、开班方式

☺零起点班、就业班等自由选择。

☺28 人小班授课，确保教学质量。

☺每月至少有 5～6 个班可供选择。

三、报名方式

电话报名：24 小时全国咨询热线 010-00000000。

在线报名：网址 www.×××.edu。

图 3-34　招生简章

工单 3.2　制作公司员工年出勤统计表

微课视频

【任务目标】

（1）熟悉创建表格的操作。

（2）掌握编辑和修饰表格的操作。

（3）掌握表格中数据的计算和排序方法。

【效果展示】

公司员工年出勤统计表如图 3-35 所示。

【任务背景】

王伟向同事请教了 Word 的基础操作后，被经理安排接手一项新任务，即制作公司员工年出勤统计表。王伟对 Word 的表格操作还不熟练，于是他继续向同事请教有关 Word 的表格操作。

【任务规划】

任务规划如图 3-36 所示。

公司员工年出勤统计表

部门：综合部　　　　　　姓名：李洋　　　　　2021 年 1 月 10 日

出勤月份	应出勤天数	事假	病假	旷工	其他	缺勤合计	实际出勤天数
1 月	17	1	3	0	0	4	13
10 月	18	1	2	0	1	4	14
5 月	19	1	0	1	2	4	15
8 月	21	1	4	0	0	5	16
12 月	23	2	3	0	1	6	17
11 月	21	1	2	0	1	4	17
2 月	21	2	0	0	1	3	18
6 月	21	0	1	1	1	3	18
3 月	22	2	1	0	0	3	19
9 月	22	2	0	0	1	3	19
7 月	21	0	0	0	0	0	21
4 月	22	0	0	0	0	0	22
总计	248	13	16	3	7	39	209
说明：	每周五天工作日，法定假日休息。						
制表：		审核：			部门负责人：		

图 3-35　公司员工年出勤统计表

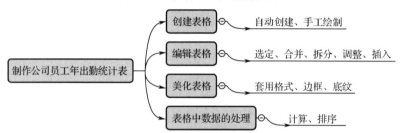

图 3-36　工单 3.2 的任务规划

【任务实施】

3.2.1　创建表格

（1）新建"公司员工年出勤统计表"文档，在"插入"选项卡中，单击"表格"组内的"表格"按钮，在弹出的下拉列表中选择"插入表格"选项（见图 3-37）。

（2）打开"插入表格"对话框，在"列数"和"行数"文本框中输入列数和行数，单击"确定"按钮（见图 3-38）。

图 3-37　表格列表

图 3-38　"插入表格"对话框

【提示】如果在表格列表中选择"绘制表格"选项，则鼠标指针变为笔形，此时可以自由绘制表格。

3.2.2 编辑表格

1. 选择表格和单元格

对表格进行编辑操作，选择要修改的单元格、行、列或整个表格。表格的选择方法见表 3-1。

表 3-1　表格的选择方法

选 择 对 象	操 作 方 法
选择整个表格	将鼠标指针移至表格上方，此时表格左上角将显示"✛"控制柄，单击该控制柄即可选择整个表格
选择行	将鼠标指针移至所选行的左边界外侧，待指针变成"↗"形状后单击，如果此时按住鼠标左键不放并上下拖动，则可以选择多行
选择列	将鼠标指针移至所选列的顶端，待指针变成"↓"形状后单击，如果此时按住鼠标左键不放并左右拖动，则可以选择多列
选择单个单元格	将鼠标指针移至单元格的左边框，待指针变成"➤"形状后单击可选择该单元格，如果此时双击，则可以选择该单元格所在的一整行
选择连续的单元格区域	方法 1：在所选单元格区域的第一个单元格中单击，然后在按住 Shift 键的同时单击所选单元格区域的最后一个单元格 方法 2：将鼠标指针移至所选单元格区域的第一个单元格中，然后按住鼠标左键不放并向其他单元格拖动，则可以选择鼠标指针经过的所有单元格
选择不连续的单元格或单元格区域	按住 Ctrl 键不放，然后使用上述方法依次选择单元格或单元格区域

2. 合并、拆分单元格

将光标置于表格的任意单元格中，在功能区中会出现"表格工具-设计""表格工具-布局"选项卡，表格的大多数编辑和美化操作都是在这两个选项卡中实现的（见图 3-39 和图 3-40）。

图 3-39　"表格工具-设计"选项卡

图 3-40　"表格工具-布局"选项卡

（1）选中表格的最后一行，在"表格工具-布局"选项卡中，单击"合并"组内的"合并单元格"按钮，将最后一行合并为一个单元格。然后，单击"拆分单元格"按钮，将最后一行拆分为 3 个单元格（见图 3-41）。

图 3-41　合并、拆分单元格

（2）选择第 15 行的第 2 列至第 8 列（B15 至 G15）单元格，单击"合并单元格"按钮，将表格第 15 行的部分单元格合并（见图 3-42）。至此，完成表格的基本框架。

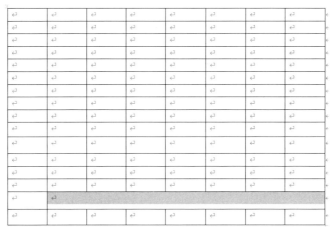

图 3-42　合并单元格

3．调整行高、列宽

将光标置于任意单元格中，或者选择需要设置的单元格区域，在"表格工具-布局"选项卡的"单元格大小"组中的"高度"和"宽度"文本框中输入行高值和列宽值，按 Enter 键（见图 3-43）。参照此方法，对照效果图，调整各单元格。

图 3-43　设置行高、列宽

【提示】将光标移至表格的行或列的分界处，待光标变为"⬌"或"⬍"形状后，按住鼠标左键不放并拖动鼠标，可以快速调整行高或列宽（见图 3-44）。

图 3-44　调整行或列宽

4．插入斜线表头

单击第 2 行的第 1 个单元格，单击"表格工具-设计"选项卡的"边框"组的"边框"按钮下方的倒三角按钮，在弹出的下拉列表中选择"斜下框线"选项（见图 3-45）。

图 3-45　插入斜线表头

【提示】在输入斜线表头中的文字时，可利用文本框。在"插入"选项卡中，单击"文本"组内的"文本框"按钮，在斜线表头上方插入一个文本框，并调整大小，将文本框设置为"无轮廓"和"无填充"，在文本框中输入文字"出勤"。选中此文本框，按住 Ctrl 键不放，将其拖至斜线下方，将文字"出勤"改为"月份"。

5．插入行或列

选择单元格或行，在"表格工具-布局"选项卡中，单击"行和列"组内的"在上方插入"按钮或"在下方插入"按钮，在当前行的上面或下面插入行。选择单元格或列，单击"在左侧插入"按钮或"在右侧插入"按钮，即可插入列（见图 3-46）

图 3-46　插入行或列

6．删除行或列

选择要删除的行或列，在"表格工具-布局"选项卡中，单击"行和列"组内的"删除"按钮。

3.2.3　设置表格中内容的格式

（1）输入表格的标题及标题下方的文字。

（2）输入各单元格中的文字，适当调整列的宽度和行的高度。

（3）通过"开始"选项卡的"字体"组，设置单元格内文字的字体和字号。

（4）选择整个表格，在"表格工具-布局"选项卡中，单击"对齐方式"组内的"水平居中"按钮，将各单元格内的文字在单元格中分别水平居中对齐（见图 3-47）。

图 3-47　设置单元格对齐方式

3.2.4 美化表格

（1）使用系统内置的样式能快速地改变表格的外观。选择整个表格，在"表格工具-设计"选项卡的"表格样式"组中选择需要的样式。

（2）为表格设计边框和底纹。选择整个表格，在"表格工具-设计"选项卡中，单击"边框"组右下角的对话框启动按钮，打开"边框和底纹"对话框（见图3-48）。

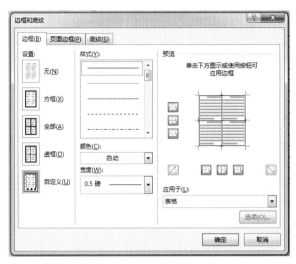

图3-48　设置表格的边框和底纹

（3）单击"边框"选项卡，在"样式"下拉列表中选择双实线，在"宽度"下拉列表中选择"1磅"选项，单击预览区周围的边框按钮，预览表格的边框效果，最后单击"确定"按钮。

3.2.5 表格中数据的处理

1．计算

（1）单击表格中"应出勤天数"列的"总计"项，即B14单元格，在"表格工具-布局"选项卡中，单击"数据"组的"公式"按钮（见图3-49），打开"公式"对话框。

图3-49　"公式"按钮

（2）在"粘贴函数"下拉列表中选择"SUM"选项，在"公式"文本框的"SUM"函数括号内输入"B2:B13"，单击"确定"按钮，计算"应出勤天数"的"总计"值（见图3-50）。

（3）使用同样的方法，应用"SUM"函数依次计算"事假""病假""旷工""其他""缺勤合计"的"总计"值。

（4）单击表格中"实际出勤天数"列的"总计"项，即H14单元格，在"公式"对话框的"公式"文本框内输入计算公式"=B14-G14"，计算"实际出勤天数"的"总计"值（见图3-51）。

图 3-50 应用函数计算

图 3-51 应用公式计算

2. 排序

按实际出勤天数进行升序排序，当实际出勤天数相同时，再按缺勤合计天数降序排序。

（1）选择整个表格，单击"表格工具/布局"选项卡的"数据"组中的"排序"按钮（见图 3-40），打开"排序"对话框。

（2）在"主要关键字"下拉列表中选择"出勤"选项，在其右边的"类型"下拉列表中选择"数字"选项，选中"升序"单选钮。

（3）在"次要关键字"下拉列表中选择"缺勤"选项，在其右边的"类型"下拉列表中选择"数字"选项，选中"降序"单选钮，再单击"确定"按钮（见图 3-52）。

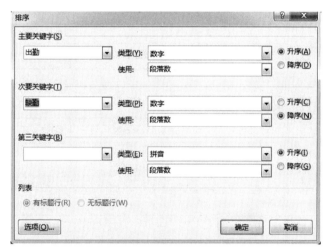
图 3-52 "排序"对话框

【任务拓展】

1. 创建表格并完成任务

创建如表 3-2 所示的表格，并按照要求完成以下任务。

表 3-2 表格计算示例

姓　　名	成　　绩				
	线 性 代 数	高 等 数 学	普 通 物 理	总　　分	平 均 分
王小楠	77	80	82		
张玲玲	84	82	88		
齐天明	88	78	90		
刘　涛	85	81	88		

（1）使用函数计算学生的总分和平均分。

（2）按总分进行降序排序。

2．设计并制作求职简历

设计并制作求职简历，效果如图 3-53 所示。

求职简历				
个人概况	求职意向：电子商务相关			
	姓名：	小王	出生日期：	1995.6.12	
	性别：	男	户口所在地：	河北省保定市	
	民族：	汉	专业和学历：	电子商务	
	联系电话：	12345667787			
	通讯地址：	北京市大兴区日月小区 2-456			
	电子邮件地址：	Wangdaxin@qq.com			
工作经验	2014.8-2015.8	北京新新文化发展有限公司	北京	
	实习 公司产品的宣传和推广 公司网站后台的管理和维护			
	2015.9-至今	北京"佳美"商场	北京	
	行政助理 负责各部门之间的沟通和协调 维护办公室的计算机和网络			
教育背景	2013.9-2015.7	北京飞翔职业技术学院	电子商务	
	连续两年获校三好学生			
外语水平	B 级			
计算机水平	二级			
性格特点	喜欢阅读和写作，喜欢思考和钻研			
业余爱好	爬山、旅游			

图 3-53　求职简历效果

工单 3.3　制作公司邀请函

微课视频

【任务目标】

（1）掌握插入艺术字、图片、文本框等元素的方法。

（2）掌握设置图片的大小、位置、对齐方式的方法。

【效果展示】

公司邀请函如图 3-54 所示。

图 3-54　公司邀请函

【任务背景】

公司计划举办年终答谢晚会，需要制作主题鲜明、图文并茂、美观大气的邀请函。王伟接受了这个任务，开始学做邀请函。

【任务规划】

任务规划如图 3-55 所示。

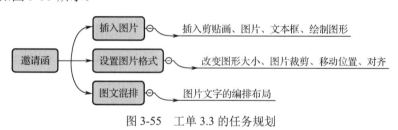

图 3-55　工单 3.3 的任务规划

【任务实施】

3.3.1　确定邀请函的尺寸

1．创建邀请函文件

（1）新建文件。执行"文件"→"新建"菜单命令，新建一个空白 Word 文档。

（2）保存文件。执行"文件"→"另存为"菜单命令，将文件命名为"邀请函.docx"。

2．布局邀请函文件

（1）设置页边距。单击"页面布局"选项卡的"页面设置"组中的"页边距"按钮，设置上、下、左、右边距均为 0.2 厘米，方向设置为纵向。

（2）设置纸张大小。单击"页面布局"选项卡的"页面设置"组中的"纸张大小"按钮，在弹出的"纸张大小"下拉列表中选择"自定义大小"选项，弹出"页面设置"对话框，在"纸张"选项卡中，设置高度为 25 厘米，宽度为 16 厘米，单击"确定"按钮（见图 3-56）。

图 3-56 设置邀请函的纸张大小

3.3.2 制作邀请函

1. 设置显示比例

单击"视图"选项卡的"显示比例"组中的"显示比例"按钮,在弹出的"显示比例"对话框中选中"整页"单选钮(该显示比例可以根据具体的制作尺寸来设定)。

2. 插入背景图片和花纹图片

(1)插入背景图片。单击"插入"选项卡的"插图"组中的"图片"按钮,在弹出的"插入图片"对话框中选择"邀请函背景图(素材).jpg"图片。插入图片后,调整图片的大小,使其铺满页面。

选择背景图片,单击"格式"选项卡的"排列"组中的"下移一层"按钮。然后,返回"格式"选项卡,单击"排列"组中的"位置"按钮下方的倒三角按钮,在弹出的下拉列表中选择"其他布局选项"选项,打开"布局"对话框,切换至"文字环绕"选项卡,在"环绕方式"区域中选择"衬于文字下方"选项。

(2)插入花纹图片。参照步骤(1),插入"邀请函花纹(素材).jpg"图片。插入图片后,选择花纹图片,拖曳图片的边角控点改变图片的大小,并将其移至背景图片的左上角。

(3)复制花纹图片。选择花纹图片,单击"开始"选项卡的"剪贴板"组中的"复制"按钮,再单击"粘贴"按钮,生成另一张花纹图片。选择复制的花纹图片,单击"格式"选项卡的"排列"组中的"旋转"按钮右侧的倒三角按钮,在弹出的下拉列表中选择"水平翻转"选项,并将复制的花纹图片移至背景图片的右上角。插入背景图片和花纹图片后的效果如图3-57所示。

3. 插入艺术字

(1)插入艺术字"LOGO"。单击"插入"选项卡的"文本"组中的"艺术字"按钮下方的倒三角按钮,在弹出的下拉列表中选择"金色,主题4,软棱台"样式,弹出"编辑艺术字文字"对话框,在"文本"文本框中输入"LOGO",返回"开始"选项卡,将"LOGO"的字体格式设置为"微软雅黑""小二""粗体""橙色"。

（2）插入艺术字"邀请函"。"邀请函"的艺术字样式为"金色，主题 4，软棱台"，字体格式为"微软雅黑""初号""橙色"，段落行距为"固定值，60 磅"。插入艺术字后的效果如图 3-58 所示。

（3）按 Enter 键换行，输入邀请函主题"年终企业答谢晚会"，将字体格式设置为"楷体""一号""橙色"。

（4）按 Enter 键换行，输入"活动时间：2 月 1 日"，再按 Enter 键换行，输入"活动地点：你公司"，将两行文本的字体格式设置为"楷体""五号""橙色"（见图 3-59）。

图 3-57　插入背景图片和花纹图片后的效果　图 3-58　插入艺术字后的效果　图 3-59　输入文本并设置字体格式

3.3.3　图文混排

1．绘制图形

单击"插入"选项卡的"插图"组中的"形状"按钮下方的倒三角按钮，在弹出的列表中选择"矩形"选项，在页面中绘制一个矩形；单击"形状"按钮下方的倒三角按钮，在弹出的列表中选择"梯形"选项，绘制一个梯形；复制并生成第二个梯形，将其放置在第一个梯形的右侧；单击"形状"按钮下方的倒三角按钮，在弹出的列表中选择"三角形"选项，绘制三角形（见图 3-60）。

图 3-60　绘制图形

2．输入邀请函主题

按 Enter 键换行，输入"会议安排"，选定文字，将字体格式设置为"深红""居中"，在"字体"组中单击"字符边框"按钮，再单击"段落"组中"边框"按钮右侧的倒三角按钮，在弹出的下拉列表中选择"边框和底纹"选项，弹出"边框和底纹"对话框，切换至"边框"选项卡，设置边框"样式"为"波浪线"，"颜色"为"橙色"，并在"应用于"下拉列表中选择"文字"选项，切换至"底纹"选项卡，设置"填充"为"橙色"（见图 3-61）。

图 3-61　为标题设置边框和底纹

3．输入会议安排项目

（1）输入各时间节点，并在每个时间节点后输入"|"。最后，输入会议安排项目（见图 3-62）。

（2）选定会议安排项目，单击"页面布局"选项卡的"页面设置"组中的"分栏"按钮下方的倒三角按钮，在弹出的下拉列表中选择"更多分栏"选项，在弹出的对话框中选择"两栏"选项，设置"间距"参数值为 0，单击"确定"按钮，选定左侧分栏中的文字，修改"首行缩进"参数值，调整分栏设置效果（见图 3-63）。

图 3-62　输入会议安排项目　　　　　图 3-63　调整分栏设置效果

【提示】分栏设置是一种常用的页面布局功能，修改分栏的"宽度"和"间距"，可以让页面布局更灵活、美观。

3.3.4　输入公式

在撰写论文或编排试卷时，往往要输入公式。有些公式包含键盘上没有的符号，有些公式要求使用特殊格式，然而普通的输入方式无法完成这类公式。因此，我们可以使用 Word 提供的公式编辑器，从而很容易地解决这类问题。例如，输入一个数学公式 $\Delta p = \sum_{i=1}^{n} \int_{0}^{s_i} \frac{M_p yds}{EJ}$。

【提示】

1．插入公式

单击"插入"选项卡的"符号"组中的"公式"按钮右侧的倒三角按钮，在弹出的下拉列表中选择"插入新公式"选项，启动公式编辑器，利用"公式-设计"选项卡的"结构"组和"符号"组中的命令，插入公式。

2．编辑公式

公式输入完毕后，单击公式外的任意位置，退出公式编辑状态。若要编辑公式，则双击公式，即可进入公式编辑状态。

3.3.5 插入 SmartArt 图形

SmartArt 图形是信息和观点的视觉表示形式。使用 SmartArt 图形可以快速、轻松、有效地传达信息。SmartArt 图形能将各层次之间的关系表述得清晰明了。SmartArt 图形的类型包括列表、流程、循环、层次结构、关系、矩阵和棱锥图，每种类型都有各自的特色（见图 3-64）。

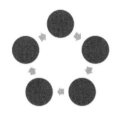

图 3-64　SmartArt 图形

【提示】

1．更改布局

选中 SmartArt 图形，切换至"格式"选项卡的"版式"组，在版式库中可以选择其他版式。

2．SmartArt 样式

选中 SmartArt 图形，切换至"格式"选项卡的"样式"组，在样式库中可以选择其他样式，并修改 SmartArt 图形的颜色。

工单 3.4　批量生成员工工牌

微课视频

【任务目标】

（1）掌握邮件合并功能。

（2）制作员工工牌。

【效果展示】

员工工牌如图 3-65 所示。

> **呼伦贝尔市新发公司**
>
> 姓名　张翰
> 工号　C001　　照　片
> 部门　行政部
> 职位　主任
>
> **呼伦贝尔市新发公司**
>
> 姓名　李小萌
> 工号　C002　　照　片
> 部门　营运部
> 职位　销售总监

图 3-65　员工工牌

【任务背景】

讲解完排版功能后，同事趁热打铁向王伟介绍了 Word 的邮件合并功能。

【任务规划】

任务规划如图 3-66 所示。

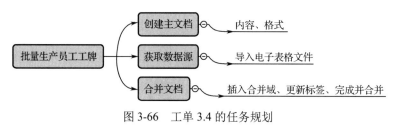

图 3-66　工单 3.4 的任务规划

【任务实施】

3.4.1　创建主文档

1. 设置员工工牌标签布局

（1）创建一个新的 Word 文档，将其保存为"工牌标签主文档.docx"。单击"邮件"选项卡的"开始邮件合并"组中的"开始邮件合并"按钮右侧的倒三角按钮，在弹出的下拉列表中选择"标签"选项（见图 3-67）。打开"标签选项"对话框，单击"新建标签"按钮（见图 3-68）。

图 3-67　选择"标签"选项　　　　　图 3-68　"标签选项"对话框

（2）在弹出的"标签详情"对话框中（见图 3-69），在"标签名称"文本框中输入"工牌标签"，设置"上边距"和"侧边距"分别为 3.3 厘米和 2.4 厘米，设置"标签高度"为 7 厘米，设置"标签宽度"为 10 厘米，设置"纵向跨度"为 7.4 厘米，设置"横向跨度"为 14.8 厘米，设置"竖标签数"为 2，设置"横标签数"为 1，设置"页面大小"为 A5（14.8 厘米×21 厘米）。单击"确定"按钮，返回"标签选项"对话框，再次单击"确定"按钮，完成标签的创建。

【提示】此处要求每页打印两个工牌，如果想每页打印一个工牌，则在"标签详情"对话框的"页面大小"下拉列表中选择"信函"选项。

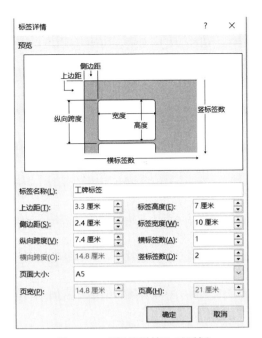

图 3-69　"标签详情"对话框

2．创建工牌标签内容

（1）在左上角的标签中按 Shift+Enter 组合键，然后输入"呼伦贝尔市新发公司"，将字体格式设置为"微软雅黑""三号""居中"，并添加"金色，主题色，软棱台"的文字效果。

（2）按 Enter 键，另起一行。输入"姓名""工号""部门""职位"，以及下画线，设置字体格式为"微软雅黑""四号"，设置文字颜色为"蓝色，个性 1，深色 25%"（见图 3-70）。

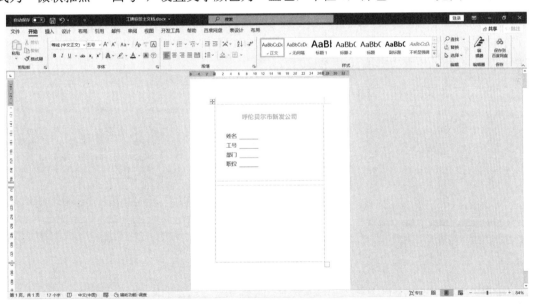

图 3-70　设置工牌的文字格式

（3）添加用于粘贴照片的文本框，设置文本框的大小为 3.6 厘米×2.6 厘米，并设置边框为蓝色虚线，在文本框中输入"照片"，设置字体格式为"蓝色""二号""中间居中"。

为了便于裁剪工牌，设置工牌标签的边框为蓝色虚线（见图 3-71），大小为 7 厘米×10 厘米，单击"形状-格式"选项卡的"排列"组中的"下移一层"按钮下方的倒三角按钮，在弹出的下拉列表中选择"衬于文字下方"选项。

图 3-71　设置工牌照片及裁剪文本框

【提示】主文档是经过特殊标记的 Word 文档，它是用于创建输出文档的"蓝图"。主文档包含了基本的文本内容，这些文本内容在所有输出文档中都是相同的。

3.4.2　合并员工信息并生成单独工牌标签（获取数据源、合并文档）

（1）单击"邮件"选项卡的"开始邮件合并"组中的"选择收件人"按钮右侧的倒三角按钮，在弹出的下拉列表中选择"使用现有列表"选项（见图 3-72），在弹出的"选取数据源"对话框中，选择"员工信息.xlsx"文档，单击"打开"按钮（见图 3-73），弹出"选择表格"对话框，单击"确定"按钮，导入数据源（见图 3-74）。

图 3-72　选择"使用现有列表"选项　　　　图 3-73　"选取数据源"对话框

图 3-74 "选择表格"话框

【提示】数据源实际上是一个数据列表，包含了用户希望合并到输出文档的数据。通常它保存了姓名、通信地址、电子邮件等数据字段。

（2）将光标分别定位到"姓名""工号""部门""职位"右侧的空白下画线处，单击"邮件"选项卡的"编写和插入域"组中的"插入合并域"按钮右侧的倒三角按钮，在弹出的下拉列表中分别选择"姓名""工号""部门""职位"字段（见图 3-75 和图 3-76）。

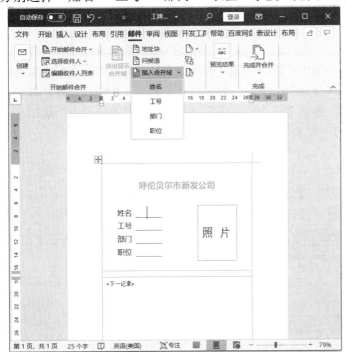

图 3-75 插入"姓名"字段

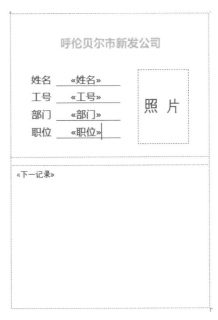

图 3-76 将各字段插入合并域

（3）单击"邮件"选项卡的"编写和插入域"组中的"更新标签"按钮，将已经建立的标签内容更新到其他标签中（见图 3-77）。

（4）单击"邮件"选项卡的"完成"组中的"完成并合并"按钮下方的倒三角按钮，在弹出的下拉列表中选择"编辑单个文档"选项，在弹出的"合并到新文档"对话框中，选中"全部"单选钮，单击"确定"按钮。完成邮件合并（见图 3-78）。

（5）合并后的结果位于一个自动生成的新文档中，将其另存为"合并后工牌标签.docx"。

【提示】邮件合并的最终文档是一份可以独立存储或输出的 Word 文档，该文档包含了所有的输出结果。

【提示】Word 的邮件合并功能可以将一个主文档与一个数据源结合起来，最终生成一系列输出文档。数据源中有多少条记录，就可以生成多少份最终结果。一般情况下，要完成一项邮件合并任务，需要包含主文档、数据源、合并文档等若干部分。

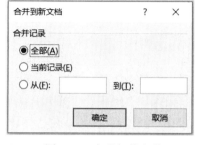

图 3-77　更新标签　　　　　　　　　图 3-78　完成邮件合并

【提示】如果员工人数较多，那么为了便于发放和存档，需要按部门排序或按姓氏排序，或者只生成某部门员工的工牌。例如，在本例中，若只生成"技术部"员工的工牌，在导入数据源后，可单击"邮件"选项卡的"开始邮件合并"组中的"编辑收件人列表"按钮，打开"邮件合并收件人"对话框，单击"筛选"按钮，弹出"筛选和排序"对话框，在"筛选记录"选项卡中设置筛选条件"部门等于技术部"，即可对符合要求的记录进行合并。

3.4.3　文档保护之仅能添加批注

如果不想让阅读者修改文档，那么可以为文档设置保护功能。设置文档保护功能后，其他阅读者除可以对该文档添加批注外，不能进行任何编辑操作（见图 3-79）。

图 3-79　文档保护功能

3.4.4 中文版式、制表位的应用

对于某些文字或段落，使用普通的方法（如按空格键）进行对齐是很不方便的，此时可以利用中文版式、制表位实现对齐，从而提高排版的效率（见图 3-80 和图 3-81）。

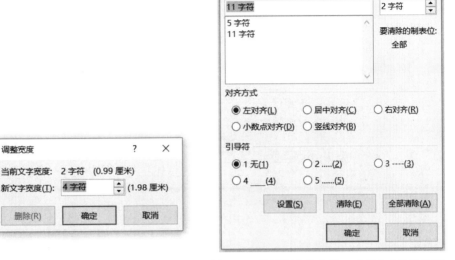

图 3-80　调整宽度　　　　　图 3-81　设置制表位位置、对齐方式及引导符

工单 3.5　排版营销策划书

微课视频

【任务目标】

（1）了解创建、应用及修改样式的方法。

（2）了解多级列表功能。

（3）掌握设置页眉、页脚、页码的方法。

（4）掌握创建及更新目录的方法。

（5）掌握设置题注及交叉引用的方法。

（6）了解索引功能。

【效果展示】

营销策划书的排版效果如图 3-82 所示。

【任务背景】

王伟进入公司后，正在学习 Word 的相关知识。近日，公司领导下达了一项营销策划书的排版任务，王伟便虚心地向有经验的老员工请教。在老员工的指导下，王伟顺利地完成了营销策划书（Word 长文档）的排版任务。

【任务规划】

任务规划如图 3-83 所示。

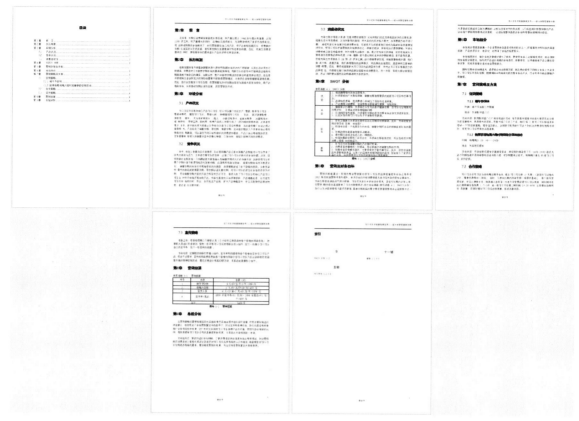

图 3-82　营销策划书的排版效果

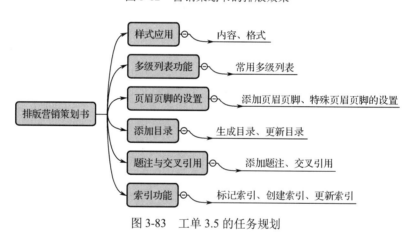

图 3-83　工单 3.5 的任务规划

【任务实施】

3.5.1　为各级标题添加样式

打开素材文件"素材-可口可乐市场营销策划书",将其另存为"素材-可口可乐市场营销策划书(样式应用)"。

1. 应用样式

(1)素材中字体加粗的文本为 1 级标题,可使用"标题 1"样式。选定第一行文本"前言",单击"开始"选项卡的"编辑"组中的"选择"按钮右侧的倒三角按钮,在弹出的下拉列表中选择"选择格式相似的文本"选项,则所有要设为"标题 1"样式的文本被选定(见图 3-84)。

图 3-84　所有要设为"标题 1"样式的文本被选定

（2）单击"样式"组右下角的对话框启动按钮，弹出"样式"对话框，选择"标题 1"样式（见图 3-85）。

图 3-85　选择"标题 1"样式

2．修改样式

（1）右击"标题 1"样式，在弹出的快捷菜单中选择"修改"选项（见图 3-86），在弹出的"修改样式"对话框中，将字体格式设置为"黑体""小三""加粗"。单击"格式"按钮右侧的倒三角按钮，在弹出的列表中选择"段落"选项（见图 3-87）。

（2）在"段落"对话框中（见图 3-88），将"段前"和"段后"间距设置为 0.5 行，"行距"设置为单倍行距，切换到"换行和分页"选项卡，确认"与下段同页"复选框为选中状态，单击"确定"按钮。返回"修改样式"对话框，再次单击"确定"按钮，完成设置（见图 3-88）。

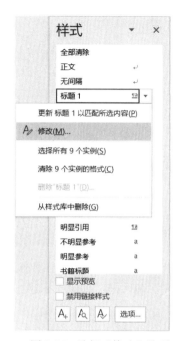

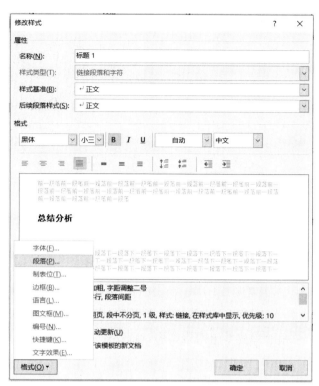

图 3-86 选择"修改"选项　　　　　图 3-87 修改"标题 1"样式的字体格式

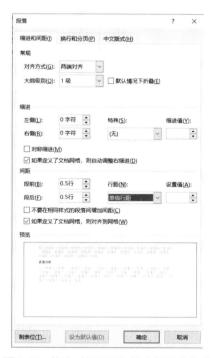

图 3-88 修改"标题 1"样式的段落格式

（3）使用相同的方法，将素材中的斜体文本全部选定，并对其应用"标题 2"样式（见图 3-89），如果在样式库中没有显示"标题 2"样式，则可以在"样式"对话框中单击右下角的"选项"按钮，在弹出的"样式窗格选项"对话框中，将"选择要显示的样式"设置为"所有样式"，然后单击"确定"按钮，显示各级标题样式。

图 3-89 为素材中的斜体文本应用"标题 2"样式

（4）修改"标题 2"样式，将字体格式设置为"黑体""四号""加粗"，将"段前"和"段后"间距设置为 0.5 行，"行距"设置为单倍行距，并选中"与下段同页"复选框。

（5）参照上述步骤，将素材中带下画线的文本全部选定，并应用"标题 3"样式，然后修改"标题 3"样式，设置字体格式为"黑体""小四""加粗"，将"段前"和"段后"间距设置为 0.5 行，"行距"设置为单倍行距，并选中"与下段同页"复选框。至此，完成了 1 级标题、2 级标题和 3 级标题的样式设置。

3．新建样式

（1）选定任意一段正文，如"前言"下方的首段文本，单击"开始"选项卡的"编辑"组中的"选择"按钮右侧的倒三角按钮，在弹出的下拉列表中选择"选择格式相似的文本"选项。

（2）在"开始"选项卡的"样式"组中，打开"样式"库，选择"创建样式"选项（见图 3-90）。在弹出的"根据格式化创建新样式"对话框中，将"名称"设置为"策划书正文"，单击"修改"按钮（见图 3-91）。

图 3-90 选择"创建样式"选项

图 3-91 设置新样式的名称

（3）将新创建的"策划书正文"样式的"样式类型"设置为段落，"样式基准"设置为正文，"格式"设置为"宋体""小四"，并设置"段落"格式（见图 3-92）。

（4）在弹出的"段落"对话框中，将"段前"和"段后"间距设置为 0.5 行，"行距"设置为单倍行距，"缩进"设置为"首行""2 字符"，单击"确定"按钮，完成设置（见图 3-93）。

图 3-92　设置"策划书正文"样式的属性及格式　　图 3-93　设置"策划书正文"样式的段落格式

【提示】样式是一组已经命名的字符格式或段落格式，可应用于一个段落或段落中选定的字符，能批量完成段落或字符的格式设置，特别适合长文档的编辑。

3.5.2　多级列表（为各级标题添加自动编号）

打开素材文件"素材-可口可乐市场营销策划书（样式应用）"，将其另存为"素材-可口可乐市场营销策划书（多级列表）"。

（1）单击"开始"选项卡的"段落"组中的"多级列表"按钮右侧的倒三角按钮，在弹出的下拉列表中选择"定义新的多级列表"选项（见图 3-94）。

（2）在弹出的对话框中，单击左下角的"更多"按钮，以显示更多功能，选择级别"1"选项，可以看到在"输入编号的格式"文本框中，默认显示"1"（此编号无法以手动方式输入），在该参数的前、后分别输入文本"第"和"章"，将编号之后的分隔符设置为"空格"，然后在"将级别链接到样式"下拉列表中选择"标题 1"选项（见图 3-95）。

（3）选择级别"2"选项，可以看到此时的编号格式变为了"1.1"，保持默认的编号格式不变，设置编号之后的分隔符为"空格"，然后在"将级别链接到样式"下拉列表中选择"标题 2"选项（见图 3-96）。

（4）选择级别"3"选项，可以看到此时的编号格式变为了"1.1.1"，保持默认的编号格式不变，设置编号之后的分隔符为"空格"，然后在"将级别链接到样式"下拉列表中选择"标题 3"选项，单击"确定"按钮（见图 3-97），完成设置并保存文档。

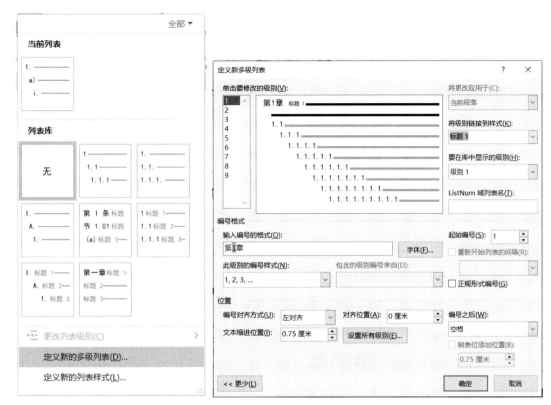

图 3-94　选择"定义新的多级列表"选项　　　　图 3-95　设置多级列表中级别"1"的格式

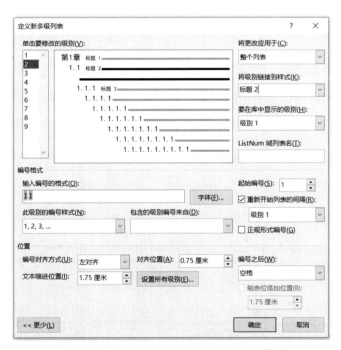

图 3-96　设置多级列表中级别"2"的格式

【提示】当文档内容比较多时，可以根据需要，使用多级列表来表现标题或段落的层级，每一层级都可以设置不同的格式。

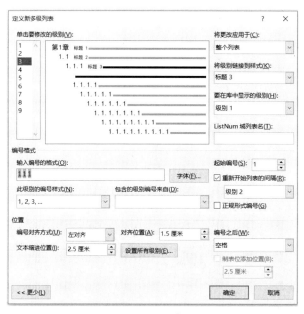

图 3-97 设置多级列表中级别"3"的格式

3.5.3 为营销策划书添加页眉和页脚

打开素材文件"素材-可口可乐市场营销策划书（多级列表）"，将其另存为"素材-可口可乐市场营销策划书（页眉页脚）"。

1. 设置页眉页脚

（1）设置页眉。单击"插入"选项卡的"页眉和页脚"组中的"页眉"按钮下方的倒三角按钮，在弹出的下拉列表中选择"空白"选项（见图 3-98）。在页眉处输入"可口可乐市场营销策划书——以大学院校营销为例"，并在"开始"选项卡的"段落"组中设置"右对齐"（见图 3-99）。

图 3-98 选择页眉类型

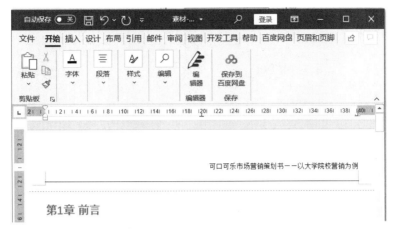

图 3-99 编辑页眉文字并设置文字的对齐方式

（2）设置页脚。在页面下方的页脚处输入"策划书"，并在"开始"选项卡的"段落"组中设置"居中"（见图 3-100）。

图 3-100 编辑页脚文字并设置文字的对齐方式

（3）设置页码。在页眉页脚编辑状态下，单击"页码"按钮下方的倒三角按钮，在弹出的下拉列表中选择"页面底端"→"普通数字 3"选项，插入页码（见图 3-101）。双击文档的正文区域，退出页眉页脚编辑状态，完成设置并保存文档（见图 3-102）。

2．特殊页眉页脚

打开素材文件"素材-可口可乐市场营销策划书（多级列表）"，将其另存为"素材-可口可乐市场营销策划书（特殊页眉页脚）"。

（1）为文档分节。将光标定位到正文第 2 章的标题"执行概要"前，单击"布局"选项卡的"页面设置"组中的"分隔符"按钮右侧的倒三角按钮，在弹出的下拉列表中选择"分节符"→"下一页"选项（见图 3-103）。

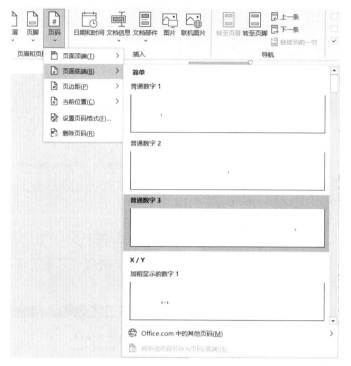

图 3-101　插入页码

图 3-102　页眉、页脚、页码插入完成

【提示】节是 Word 划分文档的一种方式。通过插入分节符，可把文档分为若干节。在不同的节中，可以设置不同的页面格式，如不同的页眉页脚、不同的页码、不同的页面边框、不同的分栏等。节用分节符标识，在草稿视图中显示为两条横向虚线。

（2）参照步骤（1），为正文的第 3～9 章分节，将营销策划书的各章均置于独立的节中。

（3）单击"插入"选项卡的"页眉和页脚"组中的"页眉"按钮下方的倒三角按钮，在弹出的下拉列表中选择"空白"选项。将光标定位到第一页的页眉处（"链接到前一节"为灰色状态），单击"插入"组中的"文档部件"按钮下方的倒三角按钮，在弹出的下拉列表中选择"域"选项（见图3-104）。

图 3-103　为文档分节　　　　　　图 3-104　选择"域"选项

（4）在弹出的"域"对话框中，选择"StyleRef"域名，再选择"标题1"样式名，在右侧的"域选项"区域中选中"插入段落编号"复选框，单击"确定"按钮（见图3-105）。

图 3-105　为页眉插入 StyleRef 域

（5）可以看到，刚插入的只是标题1的编号。再次插入 StyleRef 域，与之前的差别是这次不选中"插入段落编号"复选框，单击"确定"按钮，插入标题1的内容（见图3-106）。

（6）为各节添加页码。将光标置于第1页的页脚处（"链接到前一节"为灰色状态），单击"插入"选项卡的"页眉和页脚"组中的"页码"按钮下方的倒三角按钮，在弹出的下拉列表中选择

"设置页码格式"选项，在弹出的"页码格式"对话框中，选中"起始页码"单选钮，并设置为"1"，其他参数不变，单击"确定"按钮（见图3-107）。

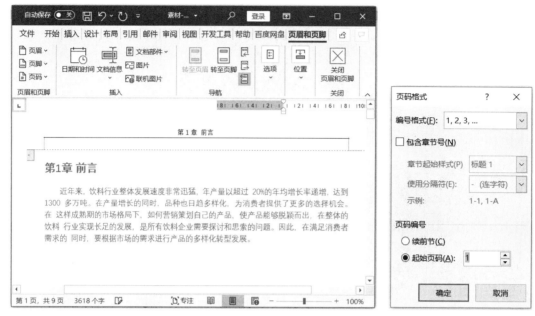

图 3-106　在页眉中插入标题 1 的编号和内容　　　　　图 3-107　"页码格式"对话框

（7）再次单击"页眉和页脚"组中的"页码"按钮右侧的倒三角按钮，在弹出的下拉列表中选择"页面底端"→"普通数字 2"选项，为第 1 章插入页码。

（8）将光标置于文档第 2 章的页脚处，在"页码格式"对话框中，设置"起始页码"为"1"，单击"确定"按钮。参照此步骤，对后面的各章进行相同的设置。最后双击文档的正文区域，退出页眉页脚编辑状态，完成设置并保存文档。

【提示】页眉和页脚是页面中的两个特殊区域，它们分别位于页面的顶部和底部。通常情况下，诸如文档的标题、页码、公司 LOGO、作者姓名等信息需要显示在页眉和页脚上。

3.5.4　为营销策划书添加目录、更新目录

打开素材文件"素材-可口可乐市场营销策划书（页眉页脚）"，将其另存为"素材-可口可乐市场营销策划书（目录）"。

1．添加空白页

进行分节。将光标置于正文第 1 章的标题"前言"之前，单击"布局"选项卡的"页面设置"组中的"分隔符"按钮右侧的倒三角按钮，在弹出的下拉列表中选择"分节符"→"下一页"选项。以便将目录置于一个空白页（单独的节）中。

2．添加目录

（1）将光标置于空白页的分节符之前，输入"目录"，并对其应用"正文"样式，将字体格式设置为"黑体""小三""加粗""居中"，然后按 Enter 键另起一行。

（2）在"目录"下方的空行中，单击"引用"选项卡的"目录"组中的"目录"按钮下方的倒三角按钮，在弹出的下拉列表中选择"自定义目录"选项，在弹出的"目录"对话框中，保持默认设置，直接单击"确定"按钮，完成目录的创建（见图3-108）。

图 3-108　"目录"对话框

【提示】利用"首页不同"功能：进入页眉页脚编辑状态，在"页眉和页脚工具-设计"选项卡的"选项"组中，选中"首页不同"复选框，设置目录页无页眉和页脚，从下一页添加页码，设置"起始页码"为"1"。

3．更新目录

（1）将光标置于正文第 1 章的标题"前言"两字之间，添加两个空格。

（2）右击整个目录，在弹出的快捷菜单中选择"更新域"选项，在弹出的"更新目录"对话框中（见图 3-109），选中"更新整个目录"单选钮（见图 3-110）。可以看到，目录被更新。

【提示】目录是长文档不可缺少的部分，目录通常是由各级标题构成的，用户可以通过目录了解文档的结构，并且能快速定位到要查询的位置。在目录中，左侧是目录标题，右侧是标题所对应的页码。

图 3-109　选择"更新域"选项

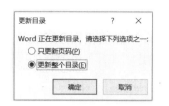

图 3-110 "更新目录"对话框

3.5.5 为营销策划书添加题注和交叉引用

打开素材文件"素材-可口可乐市场营销策划书（目录 1）"，将其另存为"素材-可口可乐市场营销策划书（题注和交叉引用）"。

1. 添加题注

（1）将正文第 2 页中的表格下方的手动输入的题注"表 4-1"删除，将光标置于说明文字之前，单击"引用"选项卡的"题注"组中的"插入题注"按钮，打开"题注"对话框。

（2）将标签设置为"表格"（如果标签中没有该选项，则可以单击"新建标签"按钮，创建所需的标签），单击"编号"按钮，在弹出的"题注编号"对话框中，选中"包含章节号"复选框，单击"确定"按钮（见图 3-111）。

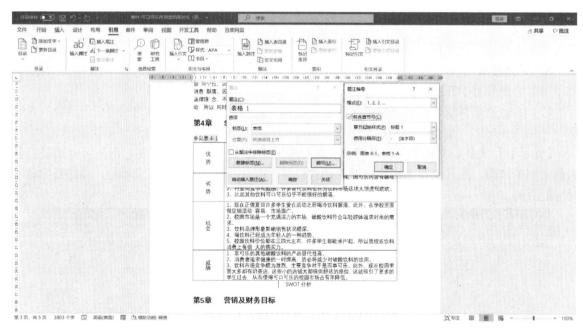

图 3-111 设置题注编号

（3）返回"题注"对话框，可以看到题注的标签已经包含了章节号，然后单击"确定"按钮（见图 3-112）。

（4）此时，表格的题注内容变为左对齐，原因是题注内容自动应用了"题注"样式，打开"开始"选项卡的"样式"组中的样式库，右击"题注"样式，在弹出的快捷菜单中选择"修改"选项，弹出"修改样式"对话框，将对齐方式设置为"居中"，单击"确定"按钮，完成对题注的修改。

（5）使用相同的方法，将文档中的另一张表格的标签修改为自动插入的题注标签"表格 8-1"。

【提示】题注是一种可以为文档中的图片、表格、公式或其他对象添加的编号标签，如果在文档的编辑过程中对题注执行了添加、删除或移动操作，则可以一次更新所有题注编号，而无须进行单独调整。

2．交叉引用

（1）删除"第 4 章 SWOT 分析"下方的用黄色突出显示的文本"表 4-1"，单击"引用"选项卡的"题注"组中的"交叉引用"按钮，打开"交叉引用"对话框。

（2）将引用类型设置为"表格"，引用内容设置为"仅标签和编号"，在"引用哪一个题注"列表中选择"表格 4-1 SWOT 分析"题注，单击"插入"按钮（见图 3-113）。对于第二处用黄色突出显示的文本"表 4-1"，可复制此交叉引用。

图 3-112　"题注"对话框　　　　　　图 3-113　"交叉引用"对话框

（3）使用相同的方法，对文档中另一张表格的引用文字（用黄色突出显示的文本）使用交叉引用进行替换。

（4）应用交叉引用时，将鼠标指针移至该位置，可弹出提示信息"按住 Ctrl 并单击可访问链接"（见图 3-114）。

图 3-114　完成交叉引用设置后弹出的提示信息

【提示】在编辑文档的过程中，经常需要引用已插入的题注，如"参见第1章"等，这就需要使用交叉引用功能。

3.5.6 为营销策划书创建索引

打开素材文件"素材-可口可乐市场营销策划书（题注和交叉引用）"，将其另存为"素材-可口可乐市场营销策划书（索引）"。

1. 标记索引

（1）在正文中任意选定一处"可口可乐"文本，在"引用"选项卡的"索引"组中，单击"标记条目"按钮，打开"标记索引项"对话框（见图3-115）。在"索引"区域的"主索引项"文本框中显示已选定的文本"可口可乐"。

（2）单击"标记全部"按钮即可标记文档中所有的"可口可乐"文本，单击"关闭"按钮。

（3）参照此方法，标记文本"营销"为索引项。

2. 生成索引

（1）将光标置于文档的末尾，使用分页符插入一个空白页，并输入文本"索引"，将字体格式设置为"微软雅黑""四号""加粗""左对齐"，按Enter键另起一行。

（2）单击"引用"选项卡的"索引"组中的"插入索引"按钮，打开"索引"对话框，在"索引"选项卡中，将格式设置为"古典"，其他参数保持默认设置，单击"确定"按钮（见图3-116）。

图3-115 "标记索引项"对话框

图3-116 "索引"对话框

3. 更新索引

（1）参照前面介绍的方法，为第2页的文本"SWOT分析"标记索引。

（2）在最后一页的索引内容上右击，在弹出的快捷菜单中选择"更新域"选项（见图3-117），完成索引的更新后，保存文档。

【提示】索引用于列出一篇文档中讨论的术语和主题及它们出现的页码。要创建索引，可以通过提供文档中主索引项的名称和交叉引用来标记索引项，然后生成索引。通常在文档的末尾显示索引。

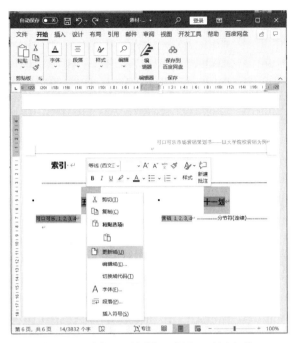

图 3-117　选择"更新域"选项（更新索引）

3.5.7　为文档加载模板

当我们遇到一篇新的长文档时，如果之前保存了经过排版的其他文档，并且想把其他文档的格式套用在新文档中，则无须设置新文档的各级标题和正文，我们可以直接将已经排版好的其他文档作为模板加载进来（见图 3-118）。

图 3-118　为文档加载模板

3.5.8　高级查找

查找功能用于快速查找简单的对象，而在高级查找功能中，通过设置各种搜索选项，可以查找更复杂的对象（见图 3-119）。

图 3-119　高级查找功能

3.5.9　为文档的页面设置不同的纸张方向

在长文档中，某些页面需要设置纸张方向为横向（比如该页面包含较宽的表格或图表）。单击"布局"选项卡的"页面设置"组中的对话框启动按钮，打开"页面设置"对话框，进行相应的设置（见图 3-120）。

图 3-120　"页面设置"对话框

模块 4 电子表格

工单 4.1 创建招聘面试档案记录表

微课视频

【任务目标】

（1）认识 Excel 2016 的工作界面。

（2）掌握有关工作簿和工作表的基本操作。

（3）掌握工作表中数据的输入方法。

（4）掌握工作表的美化方法。

（5）掌握工作表的打印方法。

【任务背景】

招聘面试是人力资源部的一项基本工作，面试档案是其中重要的文件资料。王伟近期在人力资源部实习，需要制作 1 月的招聘面试档案记录表。请你帮助他，在 Excel 2016 中创建工作表、输入数据、编辑数据、格式化工作表，并打印工作表。

【任务规划】

任务规划如图 4-1 所示。

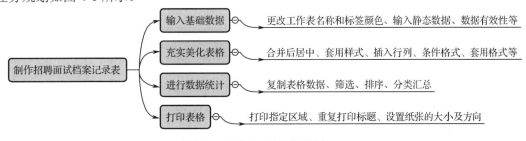

图 4-1 工单 4.1 的任务规划

【任务实施】

4.1.1 输入基础数据

1. 认识 Excel 2016 的工作界面

启动 Excel 2016，打开 Excel 2016 的工作界面（见图 4-2）。该工作界面主要由上部的功能区和下部的表格区域组成。功能区包含标题栏、选项卡等。选项卡集成了各种操作命令，这些操作命令被分别放在不同的选项卡和功能组中。表格区域包括编辑栏、状态栏等。

2. 更改工作表名称和标签颜色，新建工作表

（1）启动 Excel 2016，软件默认创建一个包含一张工作表的空白工作簿。

（2）更改工作表名称。双击工作表标签"Sheet1"，输入新的工作表名称"1 月"，按 Enter 键。

（3）新建工作表。单击工作表标签"1 月"右侧的"新建工作表"按钮 ⊕，新建一个名为"Sheet2"的工作表，右击工作表标签"Sheet2"，在弹出的快捷菜单中选择"重命名"选项，将工作表名称改为"2 月"。

（4）更改工作表标签颜色。右击工作表标签"1 月"，在弹出的快捷菜单中选择"工作表标签颜色"→"红色"选项（见图 4-3）。

3. 输入静态的基础数据

（1）输入主标题。在 A1 单元中输入"招聘面试档案纪录表"，按 Enter 键。

（2）输入列标题。自 A2 单元格开始从左向右依次输入"序号""姓名""应聘职位""应聘部门"等内容。

图 4-2　Excel 2016 的工作界面

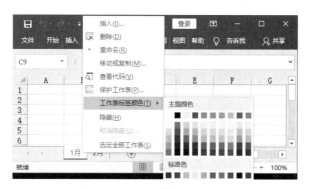

图 4-3　更改工作表标签颜色

（3）输入文本型数据。在 A3 单元格中输入第一个序号"'01"。在数字"0"之前，必须先输入一个英文单引号"'"，将其指定为文本格式，才能正确显示出数字"0"。

（4）输入日期。在 G3 单元格中输入第一个日期"2019-1-3"，以"-"分隔年、月、日。

（5）依次输入第 3 行的其他基础数据（见图 4-4）。

图 4-4　输入其他基础数据

（6）自动填充序号。将鼠标指针移至单元格 A3 的右下角，当鼠标指针变为十字形状时，按住鼠标左键不放并向下拖动，直到覆盖单元格 A15，再释放鼠标左键。可以看到，序号已自动填充。

（7）输入其余数据（见图 4-5）。

（8）保存文件。单击快速访问工具栏中的"保存"按钮，或者执行"文件"→"保存"（或"另存为"）菜单命令，将文件保存为"招聘面试档案.xlsx"。

序号	姓名	应聘职位	应聘部门	联系电话	最高学历	面试日期	面试负责	面试结果	入职日期	薪酬待遇	试用期
01	张顺	销售主管	销售部	130***834	专科	2019-1-3	刘天一	未通过			
02	李玉	策划专员	市场部	130***324	专科	2019-1-3	刘天一	未通过			
03	夏雪	话务员	销售部	134***128	专科	2019-1-3	刘天一	通过	2019-1-7	3000	6个月
04	赵天旭	会计	财务部	150***324	专科	2019-1-3	刘天一	未通过			
05	江阳	销售主管	销售部	159***476	本科	2019-1-3	刘天一	通过	2019-1-7	5000	3个月
06	吴一凡	平面设计	市场部	180***325	专科	2019-1-3	刘天一	通过	2019-1-7	3500	6个月
07	周小天	策划专员	市场部	157***746	本科	2019-1-3	刘天一	未通过			
08	李雷	策划专员	市场部	181***327	本科	2019-1-4	刘天一	通过	2019-1-8	3500	6个月
09	刘星	策划专员	市场部	189***772	本科	2019-1-4	刘天一	通过	2019-1-8	3500	6个月
10	韩梅梅	话务员	销售部	134***128	专科	2019-1-4	刘天一	未通过			
11	李华	话务员	销售部	134***128	专科	2019-1-4	刘天一	通过	2019-1-9	3000	6个月
12	王丽	话务员	销售部	134***128	专科	2019-1-4	刘天一	通过	2019-1-9	3000	6个月
13	杨洋	话务员	销售部	134***128	专科	2019-1-4	刘天一	未通过			

图 4-5　输入其余数据

4．以下拉列表的方式输入数据

【提示】通过数据有效性的设置，可以限定输入内容，实现以下拉列表的方式输入数据。

设置"应聘部门"列的数据有效性，实现以下拉列表的方式选择"应聘部门"。"应聘部门"包括销售部、市场部、人才资源部、运营部、客服部。

（1）选定"应聘部门"列的单元格区域 D3:D15。

（2）在"数据"选项卡的"数据工具"组中，单击"数据验证"按钮下方的倒三角按钮，在弹出的下拉列表中选择"数据验证"选项，打开"数据验证"对话框（见图 4-6）。

（3）在"设置"选项卡的"允许"下拉列表中选择"序列"选项。

（4）在"来源"文本框中依次输入序列值"销售部,市场部,人才资源部,运营部,客服部"，各序列值之间应使用英文逗号","分隔。

（5）选中"提供下拉箭头"复选框，否则将无法看到单元格旁边的下拉箭头。

图 4-6　"数据验证"对话框的"设置"选项卡

（6）按下列方法设置输入无效数据时显示的出错警告。

① 切换到"出错警告"选项卡，选中"输入无效数据时显示出错警告"复选框。

② 在"样式"下拉列表中选择"警告"选项。

③ 在右侧的"错误信息"文本框中输入提示信息"输入部门有误，请在列表中选择！"（见图 4-7）。此时，如果在"应聘部门"列中输入超出序列范围的内容，则会出现相应的出错警告。

图 4-7   "数据验证"对话框的"出错警告"选项卡

（7）设置完毕后，单击"确定"按钮，退出对话框。

（8）单击 D4 单元格，在该单元格的右侧出现一个下拉箭头，单击该下拉箭头，在弹出的下拉列表中选择"市场部"选项。

（9）使用同样的方法设置"面试结果"列的内容。

（10）适当调整各列的宽度，以便数据完整显示，基础数据输入完成后的结果如图 4-8 所示。

	A	B	C	D	E	F	G	H	I	J	K	L
1	招聘面试档案记录表											
2	序号	姓名	应聘职位	应聘部门	联系电话	最高学历	面试日期	面试负责人	面试结果	入职日期	薪酬待遇	试用期
3	01	张顺	销售主管	销售部	130***8345	专科	2019-1-3	刘天一	未通过			
4	02	李玉	策划专员	市场部	130***3246	专科	2019-1-3	刘天一	未通过			
5	03	夏雪	话务员	销售部	134***1287	专科	2019-1-3	刘天一	通过	2019-1-7	3000	6个月
6	04	赵天旭	会计	财务部	150***3248	本科	2019-1-3	刘天一	未通过			
7	05	江阳	销售主管	销售部	159***4761	本科	2019-1-3	刘天一	通过	2019-1-7	5000	3个月
8	06	吴一凡	平面设计	市场部	180***3250	专科	2019-1-3	刘天一	通过	2019-1-7	3500	6个月
9	07	周小天	策划专员	市场部	157***7463	本科	2019-1-3	刘天一	未通过			
10	08	李雷	策划专员	市场部	181***3271	本科	2019-1-4	刘天一	通过	2019-1-8	3500	6个月
11	09	刘星	策划专员	市场部	189***7720	本科	2019-1-4	刘天一	通过	2019-1-8	3500	6个月
12	10	韩梅梅	话务员	销售部	134***1287	专科	2019-1-4	刘天一	未通过			
13	11	李华	话务员	销售部	134***1287	专科	2019-1-4	刘天一	通过	2019-1-9	3000	6个月
14	12	王丽	话务员	销售部	134***1287	专科	2019-1-4	刘天一	通过	2019-1-9	3000	6个月
15	13	杨洋	话务员	销售部	134***1287	专科	2019-1-4	刘天一	未通过			

图 4-8   基础数据输入完成后的结果

4.1.2 充实美化 Excel 表格

1．标题合并后居中与套用样式

【提示】一般情况下，表格的标题是跨列居中显示的。

（1）标题合并后居中。选定 A1:M1 区域，在"开始"选项卡的"对齐方式"组中单击"合并后居中"按钮。

（2）套用单元格样式。选定 Al:M1 区域，在"开始"选项卡的"样式"组中，单击"单元格样式"按钮下方的倒三角按钮，在弹出的下拉列表中选择"标题 1"样式（见图 4-9）。

（3）设置标题的字体格式。在"开始"选项卡的"字体"组中设置标题的字体格式，将 A1 单元格中的标题"招聘面试档案纪录表"的字体格式设置为"黑体""14 磅"。

2．设置日期及货币的数字格式

（1）设置日期格式。选定 G3:G15 区域，在"开始"选项卡的"数字"组中，单击右下角的对话框启动按钮，打开"设置单元格格式"对话框，在"分类"列表中选择"日期"选项，在"类型"列表中选择"3 月 14 日"选项（见图 4-10）。单击"确定"按钮。

图 4-9　选择"标题 1"样式

（2）设置货币的数字格式。选定 K3:K15 区域，在"开始"选项卡的"数字"组中，打开"数字格式"下拉列表，选择"货币"选项（见图 4-11）。

图 4-10　"设置单元格格式"对话框　　　　　图 4-11　选择"货币"选项

3．标出面试通过的结果

【提示】利用条件格式功能，可将某些数据突出显示，或者以特殊样式显示。例如，将面试通过的结果填充为浅红色，再根据具体的数值将薪酬待遇用带颜色的数据条填充。

（1）选定面试结果所在的单元格区域 I3:I15。

（2）在"开始"选项卡的"样式"组中，单击"条件格式"按钮下方的倒三角按钮。

（3）在弹出的下拉列表中选择"突出显示单元格规则"→"等于"选项，打开"等于"对话框（见图 4-12）。

（4）在"为等于以下值的单元格设置格式："文本框中输入"通过"。

图 4-12 "等于"对话框

（5）单击"确定"按钮，退出对话框，符合条件的数据将按照设定的格式突出显示。

（6）选定 K3:K15 区域，在"开始"选项卡的"样式"组中，单击"条件格式"按钮下方的倒三角按钮，在弹出的下拉列表中选择"数据条"→"绿色数据条"选项。条件格式设置完成后，结果如图 4-13 所示。

	招聘面试档案记录表											
序号	姓名	应聘职位	应聘部门	联系电话	最高学历	面试日期	面试负责人	面试结果	入职日期	薪酬待遇	试用期	备注
1	张顺	销售主管	销售部	130***8345	专科	1月3日	刘天一	未通过				
2	李玉	策划专员	市场部	130***3246	专科	1月3日	刘天一	未通过				
3	夏雪	话务员	销售部	134***1287	专科	1月3日	刘天一	通过	1月9日	3000	6个月	
4	赵天旭	会计	财务部	150***3248	本科	1月3日	刘天一	未通过				
5	江阳	销售主管	销售部	159***4761	本科	1月3日	刘天一	通过	1月7日	5000	3个月	
6	吴一凡	平面设计	市场部	180***3250	专科	1月4日	刘天一	通过	1月7日	3500	6个月	
7	周小天	策划专员	市场部	157***7463	本科	1月4日	刘天一	未通过				
8	李雷	策划专员	市场部	181***3271	本科	1月4日	刘天一	通过	1月9日	3500	6个月	
9	刘星	策划专员	市场部	189***7720	本科	1月4日	刘天一	通过	1月9日	3500	6个月	
10	韩梅梅	话务员	销售部	134***1287	专科	1月4日	刘天一	未通过				
11	李华	话务员	销售部	134***1287	专科	1月4日	刘天一	通过	1月8日	3000	6个月	
12	王丽	话务员	销售部	134***1287	专科	1月4日	刘天一	通过	1月9日	3000	6个月	
13	杨洋	话务员	销售部	134***1287	专科	1月4日	刘天一	未通过				

图 4-13 条件格式设置完成后的结果

4．套用表格格式

【提示】为了快速美化表格，可以利用 Excel 2016 提供的预置表格格式。

（1）选定 A2:M15 区域。所选区域应该包含列标题，且不能有合并单元格。

（2）在"开始"选项卡的"样式"组中，单击"套用表格格式"按钮 ，打开预置格式列表。

（3）在预置格式列表中选择"表样式中等深浅 5"选项，打开"套用表格式"对话框，选中"表包含标题"复选框（见图 4-14）。

图 4-14 "套用表格式"对话框

（4）单击"确定"按钮，相应的格式即可应用到当前选定的单元格区域中（见图 4-15）。

序号	姓名	应聘职位	应聘部门	联系电话	最高学历	面试日期	面试负责人	面试结果	入职日期	薪酬待遇	试用期
							招聘面试档案记录表				
1	张顺	销售主管	销售部	130***8345	专科	1月3日	刘天一	未通过			
2	李玉	策划专员	市场部	130***3246	专科	1月3日	刘天一	未通过			
3	夏雪	话务员	销售部	134***1287	专科	1月3日	刘天一	通过	1月9日	3000	6个月
4	赵天旭	会计	财务部	150***3248	本科	1月3日	刘天一	未通过			
5	江阳	销售主管	销售部	159***4761	本科	1月3日	刘天一	通过	1月7日	5000	3个月
6	吴一凡	平面设计	市场部	180***3250	专科	1月4日	刘天一	通过	1月7日	3500	6个月
7	周小天	策划专员	市场部	157***7463	本科	1月4日	刘天一	未通过			
8	李雷	策划专员	市场部	181***3271	本科	1月4日	刘天一	通过	1月9日	3500	6个月
9	刘星	策划专员	市场部	189***7720	本科	1月4日	刘天一	通过	1月9日	3500	6个月
10	韩梅梅	话务员	销售部	134***1287	专科	1月4日	刘天一	未通过			
11	李华	话务员	销售部	134***1287	专科	1月4日	刘天一	通过	1月8日	3000	6个月
12	王丽	话务员	销售部	134***1287	专科	1月4日	刘天一	通过	1月9日	3000	6个月
13	杨洋	话务员	销售部	134***1287	专科	1月4日	刘天一	未通过			

图4-15 套用表格格式后的效果

5. 插入行列，扩展"表"内容

【提示】套用表格格式后，所选区域自动被定义为一个"表"，标题行自动显示筛选箭头。默认情况下，在"表"区域的右侧或下方增加数据，"表"区域将会自动向右或向下扩展。

（1）在表格的右侧增加一列"备注"。在单元格 M2 中输入列标题"备注"，按 Enter 键，"表"区域将会自动向右扩展一列。

（2）在第 7 行和第 8 行之间插入空行。在序号"6"所在的第 8 行中右击，在弹出的快捷菜单中选择"插入"→"在上方插入表行"选项。

（3）在新插入的行中输入内容。在单元格 I8 中输入"通过人数"，按 Enter 键。由于之前对该列进行了数据有效性设置，所以会弹出出错警告对话框（见图 4-16）。单击"是"按钮，接受输入结果。

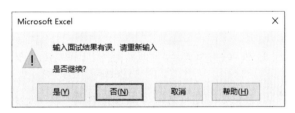

图4-16 出错警告对话框（数据的有效性已超出范围）

（4）继续在 M8 单元格中输入备注"2人"（见图4-17）。

序号	姓名	应聘职位	应聘部门	联系电话	最高学历	面试日期	面试负责人	面试结果	入职日期	薪酬待遇	试用期	备注
							招聘面试档案记录表					
1	张顺	销售主管	销售部	130***8345	专科	1月3日	刘天一	未通过				
2	李玉	策划专员	市场部	130***3246	专科	1月3日	刘天一	未通过				
3	夏雪	话务员	销售部	134***1287	专科	1月3日	刘天一	通过	1月9日	3000	6个月	
4	赵天旭	会计	财务部	150***3248	本科	1月3日	刘天一	未通过				
5	江阳	销售主管	销售部	159***4761	本科	1月3日	刘天一	通过	1月7日	5000	3个月	
								通过人数				2人

图4-17 输入备注内容

（5）在"表"区域的下方插入行，用于汇总。在"表"区域中的任意位置单击（如单元格 B5），在"表格工具-设计"选项卡的"表格样式选项"组中，选中"汇总行"复选框，则在"表"

区域的下方自动插入行，用于汇总。

（6）设置汇总方式。单击单元格F17，在右侧的下拉列表中选择"计数"选项（见图4-18），将单元格E17的内容设置为"面试总人数"。按照同样的方式设置单元格I17和J17的内容。

14	11	李华	话务员	销售部	134***1287	专科	1月4日	刘天一	通过	1月8日	3000	6个月	
15	12	王丽	话务员	销售部	134***1287	专科	1月4日	刘天一	通过	1月9日	3000	6个月	
16	13	杨洋	话务员	销售部	134***1287	专科	1月4日	刘天一	未通过				
17				面试总人数				面试通过总人数	7				

图4-18　设置汇总方式

6．调整行高列宽

【提示】经过格式设置后的表格，可能出现无法完整显示数据的情况，这时就需要对表格的行高、列宽进行调整。

（1）增加标题行的行高。将鼠标指针移至第1行行号的下边线上，当鼠标指针变为带有上下箭头的十字形状时，向下拖动鼠标，适当增加第1行的行高。

（2）统一调整其他行的行高。选定第2～17行的行号，在"开始"选项卡的"单元格"组中单击"格式"按钮下方的倒三角按钮，在弹出的下拉列表中选择"行高"选项，弹出"行高"对话框（见图4-19），在"行高"文本框中输入"20"，单击"确定"按钮。

图4-19　"行高"对话框

（3）自动调整列宽。在E列（"联系电话"列）列号的右边线上双击，调整该列的宽度，从而完整显示数据。

（4）增加C列（"应聘职位"列）的列宽。将鼠标指针移至C列列号的右边线上，当鼠标指针变为带有左右箭头的十字形状时，向右拖动鼠标，适当增加该列的列宽。

（5）插入及隐藏行（列）：在A列的列号上右击，在弹出的快捷菜单中选择"插入"选项，则在A列的左侧插入一列。使用同样的方法在"序号"行前插入一行。在新插入行的行号上右击，在弹出的快捷菜单中选择"隐藏"选项，将其隐藏。

4.1.3　对数据进行统计分析

1．复制表格数据

【提示】在4.1.1节和4.1.2节中，我们完成了"招聘面试档案纪录表"。在此基础上，我们要进行一些统计分析操作，如筛选、排序、分类汇总等。为了避免破坏原始数据，在进行统计分析操作之前，先复制工作表，然后在复制的工作表中进行操作。

（1）按住Ctrl键不放，单击工作表标签"1月"后不松手，向右拖动鼠标，生成工作表标签"1月（2）"。

（2）将工作表标签"1月（2）"重命名为"1月分析"。

后续的筛选、排序、分类汇总等操作均在工作表"1月分析"中完成。

2．筛选满足条件的纪录

【提示】由于在 4.1.2 节中，我们为"招聘面试档案纪录表"套用了表格格式，所以表格的每个列标题的右侧均出现了筛选箭头。而对于普通的表格，如果表格未进入筛选状态，则可以在"开始"选项卡的"编辑"组中，单击"排序和筛选"按钮，在弹出的下拉列表中选择"筛选"选项，进入筛选状态。

（1）筛选面试通过的纪录。单击"面试结果"右侧的筛选箭头，打开筛选列表，取消选中"全选"复选框，然后选中"通过"复选框，最后单击"确定"按钮。

（2）进一步筛选销售部面试通过的数据。右击 D3:D15 区域中值为"销售部"的任意单元格，在弹出的快捷菜单中选择"筛选"→"按所选单元格的值筛选"选项（见图4-20）。

图 4-20　按所选单元格的值筛选

（3）消除筛选结果。在数据区域中的任意位置单击，在"开始"选项卡的"编辑"组中，单击"排序和筛选"按钮，在弹出的下拉列表中选择"消除"选项，则消除了当前的筛选结果。

4．数据排序

（1）将入职日期按从小到大的顺序进行排序。单击单元格 J3 或数据区域 J 列中的任意单元格，在"开始"选项卡的"编辑"组中，单击"排序和筛选"按钮，在弹出的下拉列表中选择"升序"选项，将入职日期按从小到大的顺序进行排序。

（2）恢复表格原先的排序方式，即按"序号"从小到大的顺序进行排序。单击数据区域"序号"列中的任意单元格，在"开始"选项卡的"编辑"组中，单击"排序和筛选"按钮，在弹出的下拉列表中选择"升序"选项，则表格按"序号"从小到大的顺序进行排序。

5．分类汇总

【提示】分类汇总是经常用到的分析统计功能，但在分类汇总前，必须先删除无效的数据，再按汇总的依据进行排序。下面对"应聘部门"进行分类汇总，并将汇总结果复制到新工作表中。

（1）删除无须汇总的行。分别删除第 8 行和第 17 行中的内容。

（2）"应聘部门"是本例的分类汇总依据，因此先按"应聘部门"升序排序。

（3）进行分类汇总。在数据区域中的任意位置（如单元格 D5）单击，在"数据"选项卡的"分级显示"组中单击"分类汇总"按钮，打开"分类汇总"对话框（见图4-21）。在"分类字段"

下拉列表中选择"应聘部门"选项作为分类依据,在"汇总方式"下拉列表中选择"计数"选项,在"选定汇总项"列表中选择"姓名"选项。单击"确定"按钮,完成分类汇总(见图4-22)。

图4-21 "分类汇总"对话框

图4-22 分类汇总的结果

(4)只显示汇总项。在左侧的分级符号区域中单击数字按钮②,则在列表中只显示汇总数据,而明细数据被隐藏起来(见图4-23)。

(5)按照下列步骤复制可见单元格中的内容。

① 选定只显示了二级汇总数据的区域A2:M19。

② 在"开始"选项卡的"编辑"组中单击"查找和选择"按钮。

③ 在弹出的下拉列表中选择"定位条件"选项,在弹出的"定位条件"对话框中选中"可见单元格"单选钮(见图4-24),单击"确定"按钮。

图4-23 分级显示数据

图4-24 "定位条件"对话框

④ 按Ctrl+C组合键复制已选定的可见单元格中的内容。

⑤ 在工作表标签"1月分析"右侧插入一个新工作表。

⑥ 单击新工作表的单元格 B3，按 Ctrl+V 组合键进行粘贴，被隐藏的明细数据将不会被复制。

（5）整理汇总数据。将新工作表重命名为"1月汇总"，并调整表格格式（见图4-25）。

			招聘面试档案记录表									
序号	姓名	应聘职位	应聘部门	联系电话	最高学历	面试日期	面试负责人	面试结果	入职日期	薪酬待遇	试用期	备注
			财务部 计数	1								
			市场部 计数	5								
			销售部 计数	7								
			应聘总人数	13								

图 4-25　整理汇总数据

4.1.4　打印表格

1．只打印指定区域

在数据区域外，可能存在一些说明内容，一般情况下，我们不希望打印这些说明内容，因此可以设定只打印工作表中的指定区域。

（1）选定工作表"1月"的数据区域 A1:M17。

（2）在"页面布局"选项卡的"页面设置"组中单击"打印区域"按钮。

（3）在弹出的下拉列表中选择"设置打印区域" 🖶 选项。

2．设置纸张及页码

（1）设置纸张方向。单击"纸张方向"按钮下方的倒三角按钮，在弹出的下拉列表中选择"横向"选项。

（2）设置纸张大小。在"页面布局"选项卡的"页面设置"组中单击"纸张大小"按钮下方的倒三角按钮，在弹出的下拉列表中选择"A5（14.8 厘米×21 厘米）"选项。

（3）设置水平居中。在"页面布局"选项卡的"页面设置"组中单击"页边距"按钮下方的倒三角按钮，在弹出的下拉列表中选择"自定义边距"选项，打开"页面设置"对话框，切换至"页边距"选择卡，选中左下角的"水平"复选框。

（4）在页脚中间添加页码。在"页面设置"对话框中，切换至"页眉/页脚"选项卡，单击"自定义页脚"按钮，在弹出的"页脚"对话框中，单击"插入页码"按钮（见图4-26）。

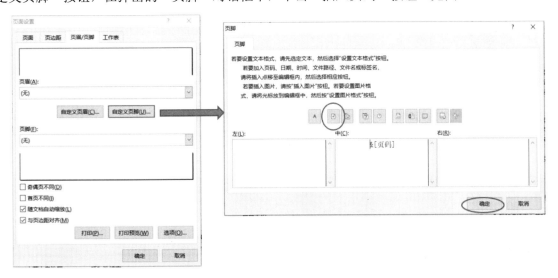

图 4-26　在页脚中间添加页码

（5）单击"确定"按钮，退出对话框。

3．重复打印标题

【提示】重新设置了纸张大小和纸张方向后，"1 月"工作表的纵向打印范围超过了 1 页。为了在第 2 页上能够看到标题行，需要指定在每页上重复打印标题。

（1）在"页面布局"选项卡的"页面设置"组中单击"打印标题"按钮，打开"页面设置"对话框，切换至"工作表"选择卡。

（2）单击"顶端标题行"文本框右侧的"压缩对话框"按钮，设置需要重复打印的范围，即第 1 行和第 2 行（见图 4-27）。

图 4-27　设置需要重复打印的范围

（3）单击"确定"按钮，退出对话框。

4．打印输出

（1）在"文件"选项卡中选择"打印"选项，进入打印预览窗口（见图 4-28）。

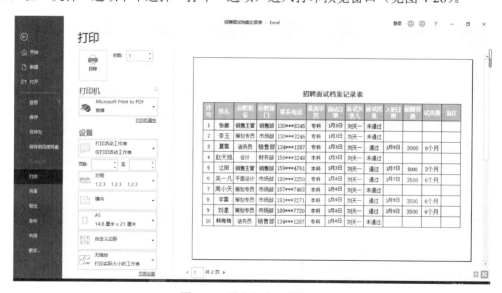

图 4-28　进入打印预览窗口

（2）确认无误后，单击"打印"按钮，完成打印操作。

工单 4.2　制作蓝太阳有限公司员工工资表

微课视频

【任务目标】

（1）了解 Excel 2016 中公式的输入和编辑方法。

（2）了解图表的基本类型和构成元素。

（3）掌握 Excel 2016 中常用函数的基本构成。

（4）掌握 Excel 2016 中公式、常用函数和图表的实际应用。

【任务背景】

新入职的实习生王伟，经过入职培训后被派遣到财务部。王伟到财务部后，接到了统计企业所有员工本月工资的任务，如何利用 Excel 2016 高效率地完成任务并保证数据的准确性就是王伟面临的第一个入职考验。

【任务规划】

任务规划如图 4-29 所示。

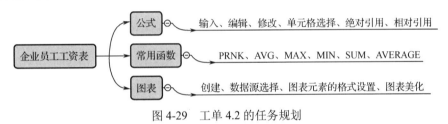

图 4-29　工单 4.2 的任务规划

【任务实施】

4.2.1　公式的输入与编辑

1. 运用自定义公式计算"工龄工资"

（1）使用 Excel 2016 打开"蓝太阳有限公司员工工资表"（见图 4-30）。

蓝太阳有限公司员工工资表

编号	姓名	工龄	岗位工资	工龄工资	奖金	补贴	应发工资	扣除事病假	实发工资	工资排名
1	夏雪	13	4000.00			260.00		230.50		
2	江阳	20	5000.00		500.00	260.00		35.20		
3	李雷	8	4500.00		500.00	260.00				
4	韩梅梅	25	3500.00			260.00		15.50		
5	李华	2	5000.00		700.00	260.00		130.00		
6	王丽	18	3500.00			260.00				
7	杨洋	27	3500.00			260.00		60.00		
8	刘星	11	5500.00		500.00	260.00				
					最高：		合计：			
					最低：		平均工资：			

图 4-30　蓝太阳有限公司员工工资表

（2）选定第一位员工"工龄工资"所在的单元格 E3，在 E3 单元格或编辑栏中输入"=C3*$C$13"（见图 4-31），按 Enter 键，计算第一位员工的"工龄工资"（见图 4-32）。

图 4-31　输入公式

蓝太阳有限公司员工工资表

编号	姓名	工龄	岗位工资	工龄工资	奖金	补贴	应发工资	扣除事病假	实发工资	工资排名
1	夏雪	13	4000.00	1040.00		260.00		230.50		
2	江阳	20	5000.00		00	260.00		35.20		
					自动更正选项					
3	李雷	8	4500.00		500.00	260.00				
4	韩梅梅	25	3500.00			260.00		15.50		
5	李华	2	5000.00		700.00	260.00		130.00		
6	王丽	18	3500.00			260.00				
7	杨洋	27	3500.00			260.00		60.00		
8	刘星	11	5500.00		500.00	260.00				
						最高：		合计：		
						最低：		平均工资：		
工龄工资（元/年）		80								

图 4-32　第一位员工"工龄工资"的计算结果

（3）单击 E3 单元格右下角的"自动更正选项"按钮右侧的倒三角按钮，在弹出的列表中选择"使用此公式覆盖当前列中的所有单元格"选项（见图 4-33），计算所有员工的"工龄工资"（图 4-34 所示）。

蓝太阳有限公司员工工资表

编号	姓名	工龄	岗位工资	工龄工资	奖金	补贴	应发工资	扣除事病假	实发工资	工资排名
1	夏雪	13	4000.00	1040.00		260.00		230.50		
2	江阳	20	5000.00		00	260.00		35.20		
					使用此公式覆盖当前列中的所有单元格(O)					
3	李雷	8	4500.00		500.00	260.00				
4	韩梅梅	25	3500.00			260.00		15.50		
5	李华	2	5000.00		700.00	260.00		130.00		
6	王丽	18	3500.00			260.00				
7	杨洋	27	3500.00			260.00		60.00		
8	刘星	11	5500.00		500.00	260.00				
				0.00		最高：		合计：		
				0.00		最低：		平均工资：		
工龄工资（元/年）		80								

图 4-33　选择"使用此公式覆盖当前列中的所有单元格"选项（"工龄工资"列）

蓝太阳有限公司员工工资表

编号	姓名	工龄	岗位工资	工龄工资	奖金	补贴	应发工资	扣除事病假	实发工资	工资排名
1	夏雪	13	4000.00	1040.00		260.00		230.50		
2	江阳	20	5000.00	1600.00	500.00	260.00		35.20		
3	李雷	8	4500.00	640.00	500.00	260.00				
4	韩梅梅	25	3500.00	2000.00		260.00		15.50		
5	李华	2	5000.00	160.00	700.00	260.00		130.00		
6	王丽	18	3500.00	1440.00		260.00				
7	杨洋	27	3500.00	2160.00		260.00		60.00		
8	刘星	11	5500.00	880.00	500.00	260.00				
				0.00	最高:		合计:			
				0.00	最低:		平均工资:			
工龄工资（元/年）		80								

图 4-34　计算所有员工的"工龄工资"

（3）选定单元格 E11 和 E12，清除数据，完成表格的整理。

【提示】

① 单元格地址。

单元格是 Excel 中的最小单位。单元格除具有存放数据的功能外，还可以参与计算。每个单元格都有一个用于标识的唯一地址，即单元格的行号和列号。例如，A1 就是单元格的地址。

② 相对引用与相对地址、绝对引用与绝对地址。

在 Excel 的公式和函数中，经常会使用某个单元格或单元格区域中的数据，这被称为单元格的引用。单元格的引用需要借助单元格的地址。单元格的引用分为相对引用和绝对引用。

a. 相对引用：引用相对于当前单元格某个位置的单元格。例如，在 A3 单元格中输入公式"=A1+A2"，A1、A2 即相对引用（也被称为相对地址）。如果将单元格 A3 中的公式复制到单元格 B3 中，则公式会自动变为"=B1+B2"。由此可见，当在单元格的公式中使用相对引用时，若将公式复制到其他单元格中，则公式会发生改变。其规律如下。

- 当公式用于复制或填充时，公式中的相对地址会随之改变。
- 当公式用于移动时，公式中的相对地址不发生改变。
- 如果被引用的单元格的地址发生变化时，则公式中的相对地址会随之变化。

b. 绝对引用：引用指定位置的单元格。例如，在 A3 单元格中输入公式"=$A$1+$A$2"，$A$1、$A$2 即绝对引用（也被称为绝对地址）。如果将单元格 A3 中的公式复制到单元格 B3 中，则公式不变。由此可见，当在单元格的公式中使用绝对引用时，若将公式复制到其他单元格中，则公式不发生改变。其规律如下。

- 当公式用于复制或填充时，公式中的绝对地址不发生改变。
- 当公式用于移动时，公式中的绝对地址不发生改变。
- 如果被引用的单元格的地址发生变化时，则公式中的绝对地址会随之变化。

2. 运用自定义公式计算"应发工资"

（1）应发工资=岗位工资+工龄工资+奖金+补贴，下面介绍自定义公式。

（2）选定第一位员工"应发工资"所在的单元格 H3，在 H3 单元格或编辑栏中输入"="，单击 D3 单元格，在公式中加入"岗位工资"，输入"+"，单击 E3 单元格，在公式中加入"工龄工资"，输入"+"，单击 F3 单元格，在公式中加入"奖金"，输入"+"，单击 G3 单元格，在公式中加入"补贴"（见图 4-35），按 Enter 键，计算第一位员工的"应发工资"（见图 4-36）。

图 4-35　运用自定义公式计算"应发工资"

蓝太阳有限公司员工工资表

编号	姓名	工龄	岗位工资	工龄工资	奖金	补贴	应发工资	扣除事病假	实发工资	工资排名
1	夏雪	13	4000.00	1040.00		260.00	5300.00	230.50		
2	江阳	20	5000.00	1600.00	500.00	260.00	自动更正选项	.20		
3	李雷	8	4500.00	640.00	500.00	260.00				
4	韩梅梅	25	3500.00	2000.00		260.00		15.50		
5	李华	2	5000.00	160.00	700.00	260.00		130.00		
6	王丽	18	3500.00	1440.00		260.00				
7	杨洋	27	3500.00	2160.00		260.00		60.00		
8	刘星	11	5500.00	880.00	500.00	260.00				
						最高:		合计:		
						最低:		平均工资:		
工龄工资（元/年）	80									

图 4-36　第一位员工"应发工资"的计算结果

（3）单击 H3 单元格右下角的"自动更正选项"按钮右侧的倒三角按钮，在弹出的列表中选择"使用此公式覆盖当前列中的所有单元格"选项（见图 4-37），计算所有员工的"应发工资"（见图 4-38）。

蓝太阳有限公司员工工资表

编号	姓名	工龄	岗位工资	工龄工资	奖金	补贴	应发工资	扣除事病假	实发工资	工资排名
1	夏雪	13	4000.00	1040.00		260.00	5300.00	230.50		
2	江阳	20	5000.00	1600.00	500.00	260.00	使用此公式覆盖当前列中的所有单元格(O)	.20		
3	李雷	8	4500.00	640.00	500.00	260.00				
4	韩梅梅	25	3500.00	2000.00		260.00		15.50		
5	李华	2	5000.00	160.00	700.00	260.00		130.00		
6	王丽	18	3500.00	1440.00		260.00				
7	杨洋	27	3500.00	2160.00		260.00		60.00		
8	刘星	11	5500.00	880.00	500.00	260.00				
						最高:		合计:		
						最低:		平均工资:		
工龄工资（元/年）	80									

图 4-37　选择"使用此公式覆盖当前列中的所有单元格"选项（"应发工资"列）

蓝太阳有限公司员工工资表

编号	姓名	工龄	岗位工资	工龄工资	奖金	补贴	应发工资	扣除事病假	实发工资	工资排名
1	夏雪	13	4000.00	1040.00		260.00	5300.00	230.50		
2	江阳	20	5000.00	1600.00	500.00	260.00	7360.00	35.20		
3	李雷	8	4500.00	640.00	500.00	260.00	5900.00			
4	韩梅梅	25	3500.00	2000.00		260.00	5760.00	15.50		
5	李华	2	5000.00	160.00	700.00	260.00	6120.00	130.00		
6	王丽	18	3500.00	1440.00		260.00	5200.00			
7	杨洋	27	3500.00	2160.00		260.00	5920.00	60.00		
8	刘星	11	5500.00	880.00	500.00	260.00	7140.00			
						最高：	#VALUE!	合计：		
						最低：	#VALUE!	平均工资：		
工龄工资（元/年）		80								

图 4-38　计算所有员工的“应发工资”

（4）选定单元格 H11 和 H12，清除数据“#VALUE!”，完成表格的整理。

3. 运用自定义公式计算“实发工资”

（1）实发工资=应发工资-扣除事病假。

（2）选定第一位员工“实发工资”所在的单元格 J3，在 J3 单元格或编辑栏中输入“=”，单击 H3 单元格，在公式中加入“应发工资”，输入“-”，单击 I3 单元格，在公式中加入“扣除事病假”（见图 4-39），按 Enter 键，计算第一位员工的“实发工资”（见图 4-40）。

RANK AVG　=[@应发工资]-[@扣除事病假]

	A	B	C	D	E	F	G	H	I	J	K
1	蓝太阳有限公司员工工资表										
2	编号	姓名	工龄	岗位工资	工龄工资	奖金	补贴	应发工资	扣除事病假	实发工资	工资排名
3	1	夏雪	13	4000.00	1040.00		260.00	5300.00	230.50	=[@应发工资]-[@扣除事病假]	
4	2	江阳	20	5000.00	1600.00	500.00	260.00	7360.00	35.20		
5	3	李雷	8	4500.00	640.00	500.00	260.00	5900.00			
6	4	韩梅梅	25	3500.00	2000.00		260.00	5760.00	15.50		
7	5	李华	2	5000.00	160.00	700.00	260.00	6120.00	130.00		
8	6	王丽	18	3500.00	1440.00		260.00	5200.00			
9	7	杨洋	27	3500.00	2160.00		260.00	5920.00	60.00		
10	8	刘星	11	5500.00	880.00	500.00	260.00	7140.00			
11							最高：		合计：		
12							最低：		平均工资：		
13	工龄工资（元/年）		80								

图 4-39　运用自定义公式计算“实发工资”

蓝太阳有限公司员工工资表

编号	姓名	工龄	岗位工资	工龄工资	奖金	补贴	应发工资	扣除事病假	实发工资	工资排名
1	夏雪	13	4000.00	1040.00		260.00	5300.00	230.50	5069.50	
2	江阳	20	5000.00	1600.00	500.00	260.00	7360.00	35.20		
3	李雷	8	4500.00	640.00	500.00	260.00	5900.00			
4	韩梅梅	25	3500.00	2000.00		260.00	5760.00	15.50		
5	李华	2	5000.00	160.00	700.00	260.00	6120.00	130.00		
6	王丽	18	3500.00	1440.00		260.00	5200.00			
7	杨洋	27	3500.00	2160.00		260.00	5920.00	60.00		
8	刘星	11	5500.00	880.00	500.00	260.00	7140.00			
						最高：		合计：		
						最低：		平均工资：		
工龄工资（元/年）		80								

自动更正选项

图 4-40　第一位员工“实发工资”的计算结果

（3）单击 J3 单元格右下角的"自动更正选项"按钮右侧的倒三角按钮，在弹出的列表中选择"使用此公式覆盖当前列中的所有单元格"选项（见图4-31），计算所有员工的"实发工资"（见图4-42）。

（4）选定单元格 J11 和 J12，清除数据"#VALUE!"，完成表格的整理。

蓝太阳有限公司员工工资表

编号	姓名	工龄	岗位工资	工龄工资	奖金	补贴	应发工资	扣除事病假	实发工资	工资排名
1	夏雪	13	4000.00	1040.00		260.00	5300.00	230.50	5069.50	
2	江阳	20	5000.00	1600.00	500.00	260.00	7360.00	35.20		
3	李雷	8	4500.00	640.00	500.00	260.00	5900.00			
4	韩梅梅	25	3500.00	2000.00		260.00	5760.00	15.50		
5	李华	2	5000.00	160.00	700.00	260.00	6120.00	130.00		
6	王丽	18	3500.00	1440.00		260.00	5200.00			
7	杨洋	27	3500.00	2160.00		260.00	5920.00	60.00		
8	刘星	11	5500.00	880.00	500.00	260.00	7140.00			
						最高：		合计：		
						最低：		平均工资：		

工龄工资（元/年）　80

使用此公式覆盖当前列中的所有单元格(O)

图4-41　选择"使用此公式覆盖当前列中的所有单元格"选项（"实发工资"列）

蓝太阳有限公司员工工资表

编号	姓名	工龄	岗位工资	工龄工资	奖金	补贴	应发工资	扣除事病假	实发工资	工资排名
1	夏雪	13	4000.00	1040.00		260.00	5300.00	230.50	5069.50	
2	江阳	20	5000.00	1600.00	500.00	260.00	7360.00	35.20	7324.80	
3	李雷	8	4500.00	640.00	500.00	260.00	5900.00		5900.00	
4	韩梅梅	25	3500.00	2000.00		260.00	5760.00	15.50	5744.50	
5	李华	2	5000.00	160.00	700.00	260.00	6120.00	130.00	5990.00	
6	王丽	18	3500.00	1440.00		260.00	5200.00		5200.00	
7	杨洋	27	3500.00	2160.00		260.00	5920.00	60.00	5860.00	
8	刘星	11	5500.00	880.00	500.00	260.00	7140.00		7140.00	
						最高：		合计：	#VALUE!	
						最低：		平均工资：	#VALUE!	

工龄工资（元/年）　80

图4-42　计算所有员工的"实发工资"

4.2.2　常用函数的应用

1. 使用 RANK.AVG 函数计算"工资排名"

（1）RANK.AVG 函数的功能：计算某个数值在一组数值中的排名。

（2）RANK.AVG 函数的语法结构：RANK.AVG(number,ref,[order])。其中，参数 number 表示指定的数值；参数 ref 表示一组数值或对一个数据列表的引用；参数 order 是可选参数，取值只能是 0 或 1，0 代表降序，1 代表升序。

（3）选定 K3 单元格，单击"公式"选项卡的"函数库"组中的"其他函数"按钮下方的倒三角按钮，在弹出的下拉列表中选择"统计"→"RANK.AVG"选项（见图4-43），弹出"函数参数"对话框（见图4-44）。

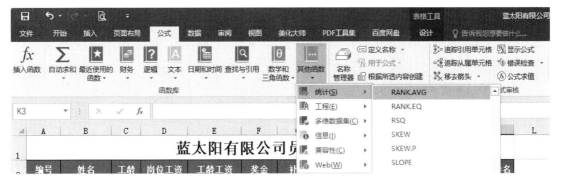

图 4-43 插入 "RANK.AVG" 函数

图 4-44 "函数参数" 对话框

（4）在"函数参数"对话框的 Number 文本框中输入"J3"，在 Ref 文本框中输入"J3:J10"，在 Order 文本框中输入"0"（或者不填写），单击"确定"按钮，计算第一位员工的"工资排名"。

（5）单击 K3 单元格右下角的"自动更正选项"按钮右侧的倒三角按钮，在弹出的列表中选择"使用此公式覆盖当前列中的所有单元格"选项（见图 4-45），计算所有员工的"工资排名"（见图 4-46）。

蓝太阳有限公司员工工资表

编号	姓名	工龄	岗位工资	工龄工资	奖金	补贴	应发工资	扣除事病假	实发工资	工资排名
1	夏雪	13	4000.00	1040.00		260.00	5300.00	230.50	5069.50	8.00
2	江阳	20	5000.00	1600.00	500.00	260.00	7360.00	35.20	7324.80	
3	李雷	8	4500.00	640.00	500.00	260.00	5900.00		5900.00	
4	韩梅梅	25	3500.00	2000.00		260.00	5760.00	15.50	5744.50	
5	李华	2	5000.00	160.00	700.00	260.00	6120.00	130.00	5990.00	
6	王丽	18	3500.00	1440.00		260.00	5200.00		5200.00	
7	杨洋	27	3500.00	2160.00		260.00	5920.00	60.00	5860.00	
8	刘星	11	5500.00	880.00	500.00	260.00	7140.00		7140.00	
					最高：		合计：			
					最低：		平均工资：			
工龄工资（元/年）	80									

图 4-45 选择"使用此公式覆盖当前列中的所有单元格"选项（"工资排名"列）

蓝太阳有限公司员工工资表

编号	姓名	工龄	岗位工资	工龄工资	奖金	补贴	应发工资	扣除事病假	实发工资	工资排名
1	夏雪	13	4000.00	1040.00		260.00	5300.00	230.50	5069.50	8.00
2	江阳	20	5000.00	1600.00	500.00	260.00	7360.00	35.20	7324.80	1.00
3	李雷	8	4500.00	640.00	500.00	260.00	5900.00		5900.00	4.00
4	韩梅梅	25	3500.00	2000.00		260.00	5760.00	15.50	5744.50	6.00
5	李华	2	5000.00	160.00	700.00	260.00	6120.00	130.00	5990.00	3.00
6	王丽	18	3500.00	1440.00		260.00	5200.00		5200.00	7.00
7	杨洋	27	3500.00	2160.00		260.00	5920.00	60.00	5860.00	5.00
8	刘星	11	5500.00	880.00	500.00	260.00	7140.00		7140.00	2.00
						最高：		合计：		#N/A
						最低：		平均工资：		#N/A
工龄工资（元/年）		80								

图 4-46　计算所有员工的"工资排名"

（6）选定单元格 K11 和 K12，清除数据"#VALUE!"，完成表格的整理。

2．使用 MAX 函数计算"应发工资"的最大值

（1）MAX 函数的功能：返回一组数值中的最大值。

（2）MAX 函数的语法结构：MAX(number1,number2,...)。其中，参数 number 的数量最少为 1 个，最多为 255 个。number 可以是数值、空单元格、逻辑值或文本。

（3）选定 H11 单元格，单击"公式"选项卡的"函数库"组中的"自动求和"按钮下方的倒三角按钮，在弹出的下拉列表中选择"最大值"选项（见图 4-47），计算"应发工资"的最大值（见图 4-48）。

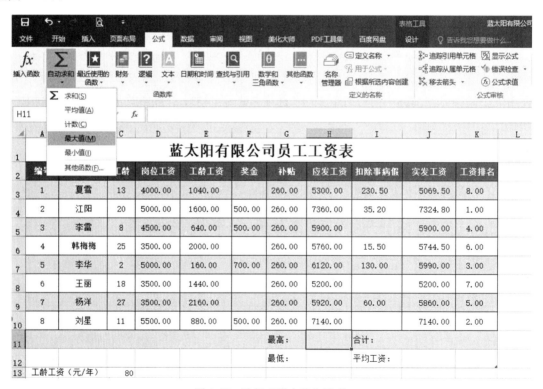

图 4-47　选择"最大值"选项

蓝太阳有限公司员工工资表

编号	姓名	工龄	岗位工资	工龄工资	奖金	补贴	应发工资	扣除事病假	实发工资	工资排名
1	夏雪	13	4000.00	1040.00		260.00	5300.00	230.50	5069.50	8.00
2	江阳	20	5000.00	1600.00	500.00	260.00	7360.00	35.20	7324.80	1.00
3	李雷	8	4500.00	640.00	500.00	260.00	5900.00		5900.00	4.00
4	韩梅梅	25	3500.00	2000.00		260.00	5760.00	15.50	5744.50	6.00
5	李华	2	5000.00	160.00	700.00	260.00	6120.00	130.00	5990.00	3.00
6	王丽	18	3500.00	1440.00		260.00	5200.00		5200.00	7.00
7	杨洋	27	3500.00	2160.00		260.00	5920.00	60.00	5860.00	5.00
8	刘星	11	5500.00	880.00	500.00	260.00	7140.00		7140.00	2.00
						最高:	7360.00	合计:		
						最低:		平均工资:		
工龄工资（元/年）	80									

图 4-48　计算"应发工资"的最大值

3. 使用 MIN 函数计算"应发工资"的最小值

（1）MIN 函数的功能：返回一组数值中的最小值。

（2）MIN 函数的语法结构：MIN (number1,number2,...)。其中，参数 number 的数量最少为 1 个，最多为 255 个。number 可以是数值、空单元格、逻辑值或文本数值。

（3）选定 H12 单元格，单击"公式"选项卡的"函数库"组中的"自动求和"按钮下方的倒三角按钮，在弹出的下拉列表中选择"最小值"选项（见图 4-49）。

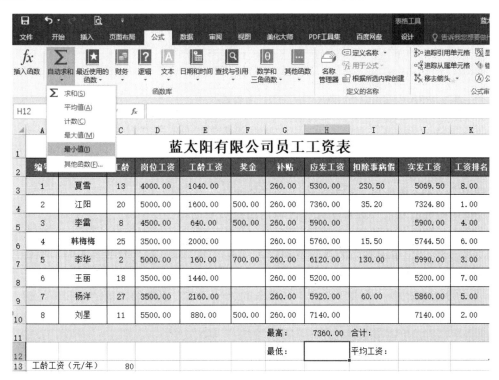

图 4-49　选择"最小值"选项

（4）双击 H12 单元格，修改函数参数，将 H3:H11 修改为 H3:H10（见图 4-50），按 Enter 键，计算"应发工资"的最小值（见图 4-51）。

蓝太阳有限公司员工工资表

编号	姓名	工龄	岗位工资	工龄工资	奖金	补贴	应发工资	扣除事病假	实发工资	工资排名
1	夏雪	13	4000.00	1040.00		260.00	5300.00	230.50	5069.50	8.00
2	江阳	20	5000.00	1600.00	500.00	260.00	7360.00	35.20	7324.80	1.00
3	李雷	8	4500.00	640.00	500.00	260.00	5900.00		5900.00	4.00
4	韩梅梅	25	3500.00	2000.00		260.00	5760.00	15.50	5744.50	6.00
5	李华	2	5000.00	160.00	700.00	260.00	6120.00	130.00	5990.00	3.00
6	王丽	18	3500.00	1440.00		260.00	5200.00		5200.00	7.00
7	杨洋	27	3500.00	2160.00		260.00	5920.00	60.00	5860.00	5.00
8	刘星	11	5500.00	880.00	500.00	260.00	7140.00		7140.00	2.00
						最高:	7360.00	合计:		
						最低:	=SUBTOTAL(105, H3:H11)			
							SUBTOTAL(function_num, **ref1**, [ref2], ...)			
工龄工资（元/年）	80									

图 4-50　修改函数的参数

蓝太阳有限公司员工工资表

编号	姓名	工龄	岗位工资	工龄工资	奖金	补贴	应发工资	扣除事病假	实发工资	工资排名
1	夏雪	13	4000.00	1040.00		260.00	5300.00	230.50	5069.50	8.00
2	江阳	20	5000.00	1600.00	500.00	260.00	7360.00	35.20	7324.80	1.00
3	李雷	8	4500.00	640.00	500.00	260.00	5900.00		5900.00	4.00
4	韩梅梅	25	3500.00	2000.00		260.00	5760.00	15.50	5744.50	6.00
5	李华	2	5000.00	160.00	700.00	260.00	6120.00	130.00	5990.00	3.00
6	王丽	18	3500.00	1440.00		260.00	5200.00		5200.00	7.00
7	杨洋	27	3500.00	2160.00		260.00	5920.00	60.00	5860.00	5.00
8	刘星	11	5500.00	880.00	500.00	260.00	7140.00		7140.00	2.00
						最高:	7360.00	合计:		
						最低:	5200.00	平均工资:		
工龄工资（元/年）	80									

图 4-51　计算"应发工资"的最小值

4．使用 SUM 函数计算"实发工资"的"合计"

（1）SUM 函数的功能：计算单元格区域内所有数值的和。

（2）SUM 函数的语法结构：SUM(number1,[number2],…)。其中，参数 number 的数量最少为 1 个，最多为 255 个。单元格中的逻辑值和文本将被忽略。但当作为参数输入时，逻辑值和文本有效。

（3）选定 J11 单元格，单击"公式"选项卡的"函数库"组中的"自动求和"按钮下方的倒三角按钮，在弹出的下拉列表中选择"求和"选项（见图 4-52），计算"实发工资"的"合计"（见图 4-53）。

5．使用 AVERAGE 函数计算"实发工资"的平均值（"平均工资"）

（1）AVERAGE 函数的功能：计算参数的算术平均值。参数可以是数值或包函数值的名称、数组、引用。

（2）AVERAGE 函数的语法结构：AVERAGE(number1,[number2],…)。其中，参数 number 的数量最少为 1 个，最多为 255 个。如果在数组或引用中有文字、逻辑值或空单元格，则会被忽略。但是，如果单元格包含数值"0"，则会参与计算。

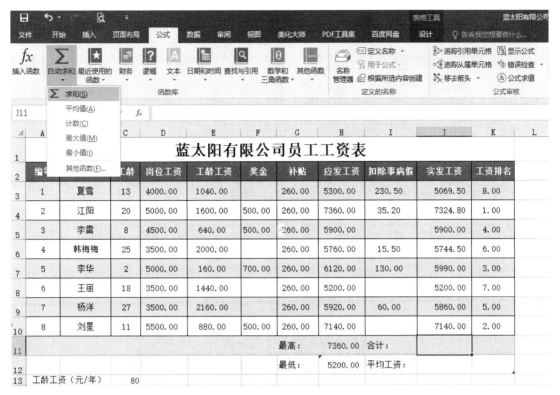

图 4-52　选择"求和"选项

蓝太阳有限公司员工工资表

编号	姓名	工龄	岗位工资	工龄工资	奖金	补贴	应发工资	扣除事病假	实发工资	工资排名
1	夏雪	13	4000.00	1040.00		260.00	5300.00	230.50	5069.50	8.00
2	江阳	20	5000.00	1600.00	500.00	260.00	7360.00	35.20	7324.80	1.00
3	李雷	8	4500.00	640.00	500.00	260.00	5900.00		5900.00	4.00
4	韩梅梅	25	3500.00	2000.00		260.00	5760.00	15.50	5744.50	6.00
5	李华	2	5000.00	160.00	700.00	260.00	6120.00	130.00	5990.00	3.00
6	王丽	18	3500.00	1440.00		260.00	5200.00		5200.00	7.00
7	杨洋	27	3500.00	2160.00		260.00	5920.00	60.00	5860.00	5.00
8	刘星	11	5500.00	880.00	500.00	260.00	7140.00		7140.00	2.00
						最高：	7360.00	合计：	48228.80	
						最低：	5200.00	平均工资		
工龄工资（元/年）	80									

图 4-53　计算"实发工资"的"合计"

（3）选定 J12 单元格，单击"公式"选项卡的"函数库"组中的"自动求和"按钮下方的倒三角按钮，在弹出的下拉列表中选择"平均值"选项（见图 4-54），计算"实发工资"的平均值（"平均工资"）。

（4）双击 J12 单元格，修改函数参数，将 J3:J11 修改为 J3:J10（见图 4-55），按 Enter 键，计算"实发工资"的平均值（"平均工资"）。

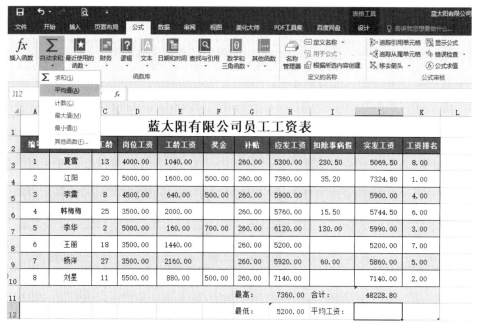

图 4-54 选择"平均值"选项

蓝太阳有限公司员工工资表

编号	姓名	工龄	岗位工资	工龄工资	奖金	补贴	应发工资	扣除事病假	实发工资	工资排名
1	夏雪	13	4000.00	1040.00		260.00	5300.00	230.50	5069.50	8.00
2	江阳	20	5000.00	1600.00	500.00	260.00	7360.00	35.20	7324.80	1.00
3	李雷	8	4500.00	640.00	500.00	260.00	5900.00		5900.00	4.00
4	韩梅梅	25	3500.00	2000.00		260.00	5760.00	15.50	5744.50	6.00
5	李华	2	5000.00	160.00	700.00	260.00	6120.00	130.00	5990.00	3.00
6	王丽	18	3500.00	1440.00		260.00	5200.00		5200.00	7.00
7	杨洋	27	3500.00	2160.00		260.00	5920.00	60.00	5860.00	5.00
8	刘星	11	5500.00	880.00	500.00	260.00	7140.00		7140.00	2.00
						最高:	7360.00	合计:	48228.80	
						最低:	5200.00	平均工资:	=SUBTOTAL(101, J3:J110	

工龄工资（元/年） 80

SUBTOTAL(function_num, **ref1**, [ref2], …)

图 4-55 修改函数的参数（求"平均工资"）

蓝太阳有限公司员工工资表

编号	姓名	工龄	岗位工资	工龄工资	奖金	补贴	应发工资	扣除事病假	实发工资	工资排名
1	夏雪	13	4000.00	1040.00		260.00	5300.00	230.50	5069.50	8.00
2	江阳	20	5000.00	1600.00	500.00	260.00	7360.00	35.20	7324.80	1.00
3	李雷	8	4500.00	640.00	500.00	260.00	5900.00		5900.00	4.00
4	韩梅梅	25	3500.00	2000.00		260.00	5760.00	15.50	5744.50	6.00
5	李华	2	5000.00	160.00	700.00	260.00	6120.00	130.00	5990.00	3.00
6	王丽	18	3500.00	1440.00		260.00	5200.00		5200.00	7.00
7	杨洋	27	3500.00	2160.00		260.00	5920.00	60.00	5860.00	5.00
8	刘星	11	5500.00	880.00	500.00	260.00	7140.00		7140.00	2.00
						最高:	7360.00	合计:	48228.80	
						最低:	5200.00	平均工资:	6028.60	

工龄工资（元/年） 80

图 4-56 计算"实发工资"的平均值（"平均工资"）

4.2.3 图表的应用

1. 图表的类型与构成

（1）Excel 2016 提供了有九种图表，分别为柱形图、条形图、饼图、折线图、面积图、XY 散点图、股价图、雷达图和组合图。

（2）Excel 2016 的图表由图表区、绘图区、标题、坐标轴、图例、轴标题、数据标签、网格线、数据表、趋势线和误差线等元素构成。

2. 插入图表

（1）确定放置图表的位置。选定 N2 单元格。

（2）确定创建图表的数据源。选定 B2:J10 单元格区域作为创建图表的数据源（见图 4-57）。

编号	姓名	工龄	岗位工资	工龄工资	奖金	补贴	应发工资	扣除事病假	实发工资	工资排名
				蓝太阳有限公司员工工资表						
1	夏雪	13	4000.00	1040.00		260.00	5300.00	230.50	5069.50	8.00
2	江阳	20	5000.00	1600.00	500.00	260.00	7360.00	35.20	7324.80	1.00
3	李雷	8	4500.00	640.00	500.00	260.00	5900.00		5900.00	4.00
4	韩梅梅	25	3500.00	2000.00		260.00	5760.00	15.50	5744.50	6.00
5	李华	2	5000.00	160.00	700.00	260.00	6120.00	130.00	5990.00	3.00
6	王丽	18	3500.00	1440.00		260.00	5200.00		5200.00	7.00
7	杨洋	27	3500.00	2160.00		260.00	5920.00	60.00	5860.00	5.00
8	刘星	11	5500.00	880.00	500.00	260.00	7140.00		7140.00	2.00
					最高：	7360.00	合计：		48228.80	
					最低：	5200.00	平均工资：		6028.60	

图 4-57　确定创建图表的数据源

（3）选择图表类型。单击"插入"选项卡的"图表"组右下角的对话框启动按钮（见图 4-58），在弹出的"插入图表"对话框中，选择"簇状柱形图"类型（见图 4-59），单击"确定"按钮，插入图表（见图 4-60）。

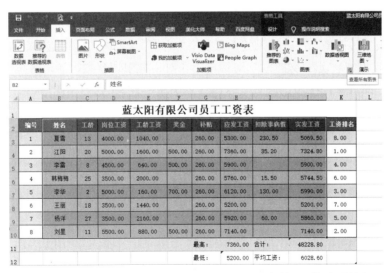

图 4-58　单击"插入"选项卡的"图表"组右下角的对话框启动按钮

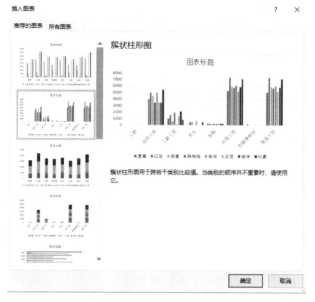

图 4-59　"插入图表"对话框

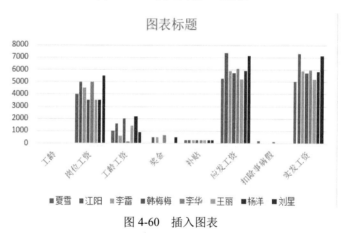

图 4-60　插入图表

（4）调整图表的数据源，在已插入的"图表区"右击，在弹出的快捷菜单中选择"选择数据"选项（见图 4-61），弹出"选择数据源"对话框，在对话框中调整数据源，这里取消选中"工龄"和"扣除事病假"复选框，单击"确定"按钮（见图 4-62），完成数据源的调整（见图 4-63）。

图 4-61　选择"选择数据"选项

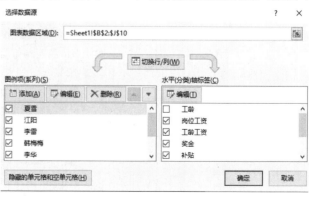

图 4-62　"选择数据源"对话框

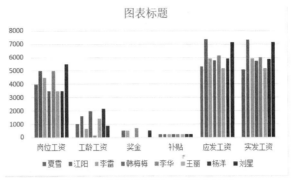

图 4-63　调整数据源后的图表效果

3．图表的格式设置

（1）设置图表标题格式。双击标题区域，在工作界面的右侧弹出"设置图表标题格式"对话框，在该对话框中可以设置图表标题的填充、边框等（见图 4-64），在标题区域中输入图表标题"蓝太阳有限公司员工工资表"（见图 4-65）。

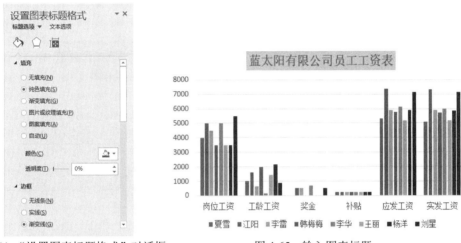

图 4-64　"设置图表标题格式"对话框　　　图 4-65　输入图表标题

（2）设置图表区格式。选中图表，在"图表工具-格式"选项卡的"当前所选内容"组中，打开"图表元素"下拉列表，选择"图表区"选项（见图 4-66），在工作界面的右侧弹出"设置图表区格式"对话框，设置图表区的填充与边框（见图 4-67）。设置完成后，查看图表区的效果（见图 4-68）。

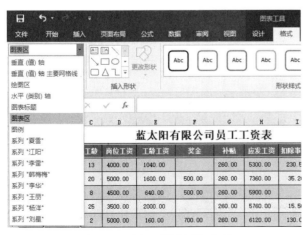

图 4-66　选择"图表区"选项　　　　图 4-67　"设置图表区格式"对话框

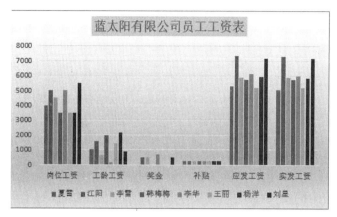

图 4-68 图表区的效果

（3）设置绘图区格式。选中图表，在"图表工具-格式"选项卡的"当前所选内容"组中，打开"图表元素"下拉列表，选择"绘图区"选项（见图 4-69），在工作界面的右侧弹出"设置绘图区格式"对话框，设置绘图区的填充与边框（见图 4-70）。设置完成后，查看绘图区的效果（见图 4-71）。

图 4-69 选择"绘图区"选项

图 4-70 "设置绘图区格式"对话框　　　　图 4-71 绘图区的效果

（4）设置图例格式。选中图表，在"图表工具-格式"选项卡的"当前所选内容"组中，打开"图表元素"下拉列表，选择"图例"选项（见图 4-72），在工作界面的右侧弹出"设置图例格式"对话框，设置图例的填充与边框（见图 4-73）。在"图表工具-设计"选项卡的"图表布局"

组中，单击"添加图表元素"按钮下方的倒三角按钮，在弹出的下拉列表中选择"图例"→"右侧"选项（见图4-74）。设置完成后，查看图例的效果（见图4-75）。

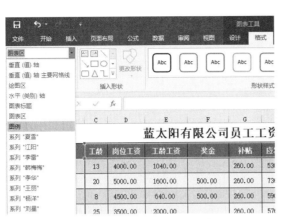

图4-72　选择"图例"选项　　　　　　　图4-73　"设置图例格式"对话框

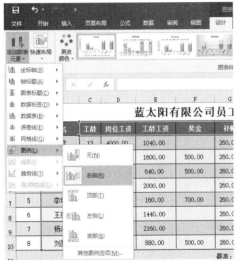

图4-74　选择"图例"→"右侧"选项

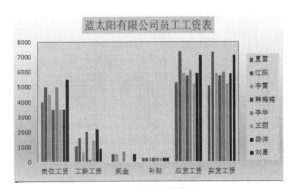

图4-75　图例的效果

（5）快速应用图表样式。选中图表，在"图表工具-设计"选项卡的"图表样式"组中，打开"样式"库，从中选择一种样式（见图4-76），效果如图4-77所示。

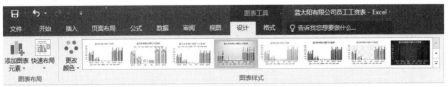

图4-76　在"图表样式"组中的"样式"库中选择一种样式

（6）快速应用图表布局。选中图表，在"图表工具-设计"选项卡的"图表布局"组中，单击"快速布局"按钮下方的倒三角按钮，在弹出的下拉列表中选择一种图表布局类型（见图4-78），效果如图4-79所示。

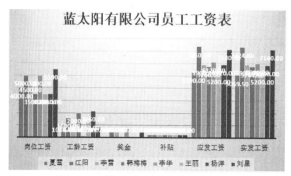

图 4-77 快速应用图表样式的效果

图 4-78 选择一种图表布局类型

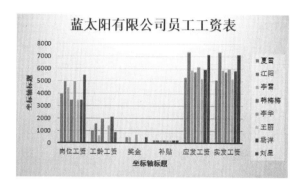

图 4-79 快速应用图表布局的效果

（7）添加图表元素。选中图表，在"图表工具-设计"选项卡的"图表布局"组中，单击"添加图表元素"按钮下方的倒三角按钮，在弹出的下拉列表中选择相应的选项，可以为图表添加坐标轴、轴标题、图表标题和图例等元素（见图 4-80）。

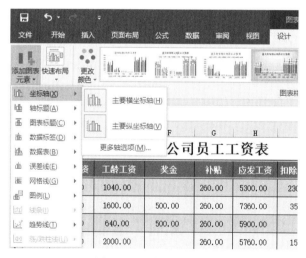

图 4-80 添加图表元素

4.2.4 函数的综合应用

1. 通过身份证号码判断性别

（1）选定 D3 单元格。

（2）在 D3 单元格中输入函数"=IF(ISODD(MID(C3,17,1)),"男","女")"（见图 4-81）。

（3）单击"编辑栏"左侧的 ✓ 按钮，或者按 Enter 键。

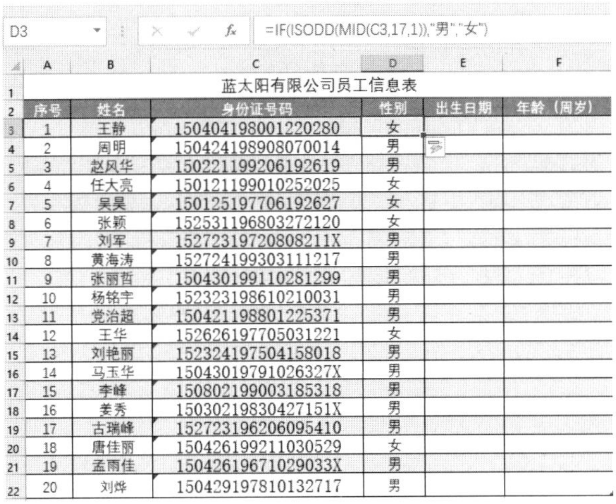

D3　=IF(ISODD(MID(C3,17,1)),"男","女")

蓝太阳有限公司员工信息表					
序号	姓名	身份证号码	性别	出生日期	年龄（周岁）
1	王静	150404198001220280	女		
2	周明	150424198908070014	男		
3	赵风华	150221199206192619	男		
4	任大亮	150121199010252025	女		
5	吴昊	150125197706192627	女		
6	张颖	152531196803272120	女		
7	刘军	15272319720808211X	男		
8	黄海涛	152724199303111217	男		
9	张丽哲	150430199110281299	男		
10	杨铭宇	152323198610210031	男		
11	党治超	150421198801225371	男		
12	王华	152626197705031221	女		
13	刘艳丽	152324197504158018	男		
14	马玉华	15043019791026327X	男		
15	李峰	150802199003185318	男		
16	姜秀	15030219830427151X	男		
17	古瑞峰	152723196206095410	男		
18	唐佳丽	150426199211030529	女		
19	孟雨佳	15042619671029033X	男		
20	刘烨	150429197810132717	男		

图 4-81　输入公式（通过身份证号码判断性别）

【提示】

① 分析：在身份证号码中，通过判断第 17 位数字的奇偶性可以判断性别，如果该数字是奇数，则代表男性；如果该数字是偶数，则代表女性。先使用 MID 函数提取身份证号码的第 17 位数字，再使用 ISODD 函数判断该数字是奇数还是偶数，最后使用 IF 函数判断性别，如果 ISODD 函数返回 TRUE，则表示该数字为奇数，那么 IF 函数返回“男”，否则返回“女”。

② 函数介绍。

a．逻辑判断函数（IF 函数）。

IF 函数的语法结构：IF(logical_test, [value_if_true], [value_if_false])。

功能：IF 函数又被称为条件函数，需要满足相应的条件才能得到相应的结果。

参数说明：logical_test 是必要参数，作为判断条件的任意值或表达式。value_if_true 是可选参数，是 logical_test 参数的计算结果为 TRUE 时所要返回的结果。value_if_false 是可选参数，是 logical_test 参数的计算结果为 FALSE 时所要返回的结果。

b．信息函数（ISODD 函数）。

ISODD 函数的语法结构：ISODD(number)。

功能：ISODD 函数用于判断一个数值是否为奇数，如果该数值是奇数，则返回 TRUE，否则返回 FALSE。

参数说明：number 为要判断的数值。

c．截取字符串函数（MID 函数）。

MID 函数的语法结构：MID(text, start_num, num_chars)。

功能：从文本字符串中的指定位置返回特定长度的字符。

参数说明：text 是必要参数，表示要提取字符的文本字符串。start_num 是必要参数，表示要提取的第一个字符的位置。文本字符串中第一个字符的位置为 1，依次类推。num_chars 是必要参数，表示从文本字符串中提取并返回字符的长度。

2．利用 DATE 函数和 MID 函数，通过身份证号码获取出生日期

（1）选定 E3 单元格。

（2）在 E3 单元格中输入函数“=DATE(MID(C3,7,4),MID(C3,11,2),MID(C3,13,2))”（见图 4-82）。

（3）单击“编辑栏”左侧的 ✓ 按钮，或者按 Enter 键。

图 4-82　输入公式（通过身份证号码获取出生日期）

【提示】

① 分析：在身份证号码中，第 7～14 位数字表示出生日期（第 7～10 位数字表示出生的年份，第 11～12 位数字表示出生的月份，第 13～14 位数字表示出生的日期），使用 MID 函数将身份证号码中的出生年、月、日分别提取出来，再通过 DATE 函数将其转换为日期格式。

② 函数介绍。

日期函数（DATE 函数）。

DATE 函数的语法结构：DATE(year,month,day)。

功能：返回表示特定日期的连续序列号，或者将 Excel 无法识别的格式转换为日期格式。

参数说明：year 表示要返回的年份；month 表示要返回的月份；day 表示要返回的日期。

3．利用 INT 和 TODAY 函数，通过身份证号码计算年龄

（1）选定 F3 单元格。

（2）在 F3 单元格中输入函数"=INT((TODAY()-E3)/365)"（见图 4-83）。

（3）单击"编辑栏"左侧的 ✓ 按钮，或者按 Enter 键。

图 4-83　输入公式（通过身份证号码计算年龄）

【提示】

① 分析：在"年龄"列中，需要填写员工的实际年龄（按"周岁"计算，不足 1 岁的部分

不计入年龄）。一般情况下，1 年按 365 天计算。因此，先通过 TODAY 函数获取当前日期；再用当前日期减去员工的出生日期，将得到的差值再除以 365 天，得到年数；最后通过 INT 函数给年数取整，得到员工的年龄。

② 函数介绍。

a．向下取整函数（INT 函数）。

INT 函数的语法结构：INT(number)。

功能：将数值 number 向下取舍到最接近的整数。

参数说明：number 是必要参数。

b．当前日期函数（TODAY 函数）。

TODAY 函数的语法结构：TODAY()。

功能：返回当前的系统日期。

参数说明：该函数没有参数，返回的结果是当前的系统日期。

模块 5　演示文稿

工单 5.1　制作企业介绍 PPT

微课视频

【任务目标】

（1）熟悉 PowerPoint 2016 的工作界面。

（2）掌握有关演示文稿和幻灯片的基本操作。

（3）掌握在幻灯片中插入文本、图片、艺术字、表格的方法及格式化的方法。

【任务背景】

海乳公司对新入职的员工进行培训，需要制作一个企业介绍演示文稿，演示文稿需要包含企业简介、主要荣誉及获奖统计、产品种类等。

【任务规划】

任务规划如图 5-1 所示。

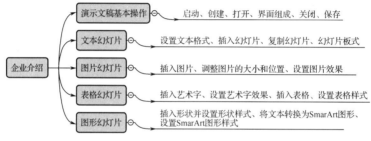

图 5-1　工单 5.1 的任务规划

【任务实施】

5.1.1　演示文稿基本操作

1．启动 PowerPoint 2016

单击桌面左下角的"开始"按钮，在弹出的开始菜单（见图 5-2）中选择 PowerPoint 2016 选项，打开软件。

图 5-2　开始菜单

【提示】用户也可以双击桌面中的 PowerPoint 2016 快捷图标，打开软件；或者双击一个已经存在的 PowerPoint 2016 文档，打开软件。

2．在 PowerPoint 2016 中创建文档

（1）创建空白演示文稿。运行 PowerPoint 2016，在"文件"选项卡中选择"新建"选项，在右侧的界面中选择"空白演示文稿"选项（见图 5-3），新建空白演示文稿（见图 5-4）。

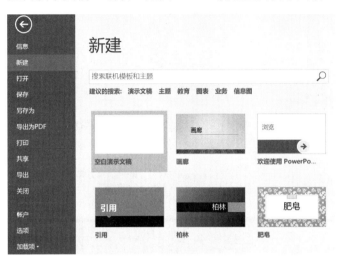

图 5-3　选择"空白演示文稿"选项

图 5-4　新建空白演示文稿

（2）使用联机模板创建演示文稿。在如图 5-3 所示的界面中，在"搜索联机模板和主题"文本框内输入"销售策略"，单击"搜索"按钮，出现如图 5-5 所示的搜索结果；在搜索结果中选择"销售策略演示文稿"模板，在弹出的预览界面中单击"创建"按钮（见图 5-6），创建销售策略演示文稿（见图 5-7）。

图 5-5 "销售策略"联机模板和主题搜索结果

图 5-6 在预览界面中单击"创建"按钮

图 5-7 销售策略演示文稿

3．PowerPoint 2016 的工作界面

PowerPoint 2016 的工作界面（见图 5-4）主要包括快速访问工具栏、标题栏、功能区、幻灯片缩略图窗格、幻灯片编辑区、备注窗格、状态栏和滚动条等。

4．在 PowerPoint 2016 中保存文档

在"文件"选项卡中选择"保存"选项，弹出"保存"对话框，设置文件的存储路径，并将文件命名为"销售策略演示文稿.pptx"

【提示】将空白演示文稿保存为"企业介绍.pptx"。

5．关闭 PowerPoint 2016

单击 PowerPoint 2016 界面右上角的"关闭"按钮。

5.1.2 制作文本幻灯片

1．制作首页幻灯片

（1）录入标题。打开"企业介绍.pptx"演示文稿，在"标题占位符"中输入"呼伦贝尔海乳乳业有限责任公司"；在"副标题占位符"中输入"2020 年 10 月"。

（2）设置标题的字体格式。选中标题文本，在"开始"选项卡的"字体"组中单击"字体"按钮右侧的倒三角按钮，在弹出的下拉列表中选择"华文楷体"选项；在"开始"选项卡的"字体"组中单击"字号"按钮右侧的倒三角按钮，在弹出的下拉列表中选择"48"选项。

（3）选中标题文本，在"开始"选项卡的"字体"组中单击"加粗"按钮；在"开始"选项卡的"字体"组中单击"字体颜色"按钮右侧的倒三角按钮，在弹出的下拉列表中选择"深红色"选项（见图 5-8）。选中副标题文本"2020 年 10 月"，将其设置为橙色。

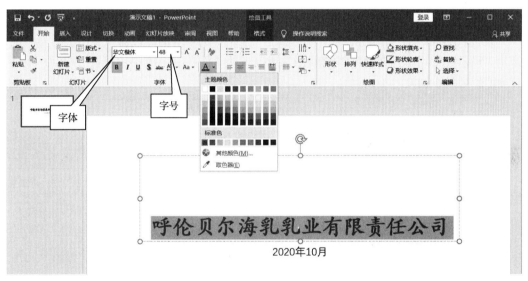

图 5-8 设置标题的字体格式

2．制作第二张幻灯片

（1）插入新幻灯片。选中首页幻灯片，在"开始"选项卡的"幻灯片"组中单击"新建幻灯片"按钮右侧的倒三角按钮，在弹出的下拉列表中选择"标题和内容"选项（见图 5-9），插入一张新幻灯片。

（2）制作第二张幻灯片。输入标题"海乳公司简介"及企业简介，将标题的字体格式设置为"华文中宋""44 磅""加粗"，将企业简介的字体格式设置为"华文中宋""28 磅"。

（3）设置行距。选中企业简介后，单击"开始"选项卡的"段落"组中的"行距"按钮右侧的倒三角按钮，在弹出的下拉列表中选择"1.5 倍行距"选项。

图 5-9　选择"标题和内容"选项

（4）设置段后间距。选中企业简介后，单击"开始"选项卡的"段落"组中的对话框启动按钮，弹出"段落"对话框，在"缩进和间距"选项卡的"间距"区域中，设置"段后"的参数值为"12 磅"（见图 5-10）。

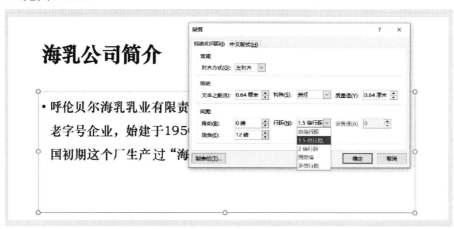

图 5-10　"段落"对话框

3. 制作第三张幻灯片

（1）复制幻灯片。右击第二张幻灯片，在弹出的快捷菜单中选择"复制幻灯片"选项（见图 5-11），生成第三张幻灯片。

（2）调整幻灯片版式。右击第三张幻灯片，在弹出的快捷菜单中选择"两栏内容"选项（见图 5-12）。

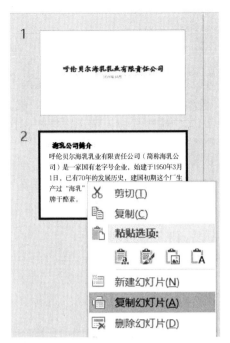

图 5-11 选择"复制幻灯片"选项

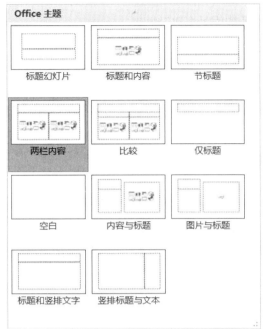

图 5-12 调整幻灯片版式

（3）设置项目符号。将第三张幻灯片的标题"海乳公司简介"修改为"企业荣誉"，单击"开始"选项卡的"段落"组中的"居中"按钮；在左侧的分栏中，输入企业的荣誉介绍，单击"开始"选项卡的"段落"组中的"项目符号"按钮右侧的倒三角按钮，在弹出的下拉列表中选择"钻石形项目符号"选项（见图 5-13）。

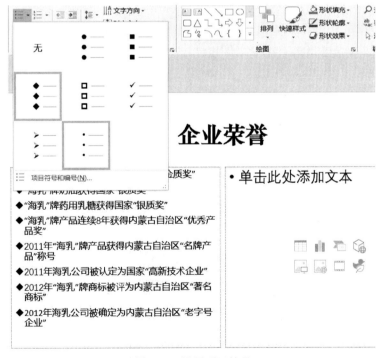

图 5-13 设置项目符号

5.1.3 制作图片幻灯片

1. 为首页幻灯片配图

（1）插入图片。选中第一张幻灯片，单击"插入"选项卡的"图像"组中的"图片"按钮下方的倒三角按钮，在弹出的下拉列表中选择"此设备"选项（见图5-14），在弹出的"插入图片"对话框中选择"草原1.jpg"图片（见图5-15），单击"插入"按钮，插入图片（见图5-16）。

图 5-14　选择"此设备"选项

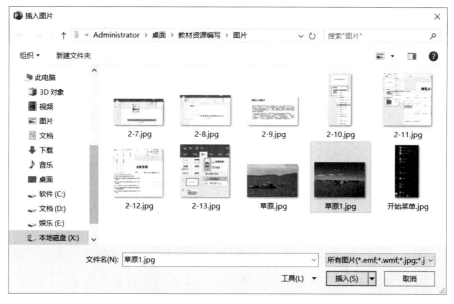

图 5-15　"插入图片"对话框

图 5-16　插入图片

（2）裁剪图片。选中图片，单击"图片工具-格式"选项卡的"大小"组中的"裁剪"按钮，将鼠标指针移至图片下边缘的中间控制点，当鼠标指针变成 T 形时，单击后不松手并向上拖动鼠标，裁剪图片（见图 5-17），释放鼠标左键，并在空白处单击。

图 5-17　裁剪图片

（3）调整图片大小。选中图片，利用图片周围的 8 个控制点，调整图片大小，使图片铺满幻灯片。

（4）调整图片的排列顺序。选中图片，单击"图片工具-格式"选项卡的"排列"组中的"下移一层"按钮右侧的倒三角按钮，在弹出的下拉列表中选择"置于底层"选项，将图片置于底层（见图 5-18）。

图 5-18　将图片置于底层

2．为第二张幻灯片配图

（1）插入企业标志图片。选中第二张幻灯片，按照之前介绍的方法，插入"海乳标志.jpg"（见图 5-19）。

图 5-19　插入企业标志图片

（2）设置图片样式。选中企业标志图片，在"图片工具-格式"选项卡中，打开"图片样式"库，选择"矩形投影"样式（见图 5-20）。

图 5-20　设置图片样式

3．为第三张幻灯片配图

（1）插入图片。选中第三张幻灯片，按照之前介绍的方法，插入"金奖.jpg""银奖.jpg""老字号.jpg"（见图 5-21）。

图 5-21　插入"金奖.jpg""银奖.jpg""老字号.jpg"

（2）设置图片效果。选中金牌图片，单击"格式"选项卡的"图片样式"组中的"图片效果"按钮右侧的倒三角按钮，在弹出的下拉列表中选择"预设"→"预设 1"选项（见图 5-22）；选中银牌图片，按照同样的方法，选择"预设"→"预设 2"选项；选择老字号图片，单击"格式"选项卡的"图片样式"组中的"图片效果"按钮右侧的倒三角按钮，在弹出的下拉列表中选择"棱台"→"棱纹"选项（见图 5-23），第三张幻灯片的效果如图 5-24 所示。

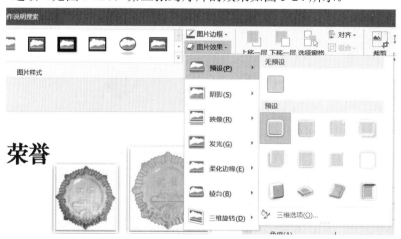

图 5-22　选择"预设"→"预设 1"选项

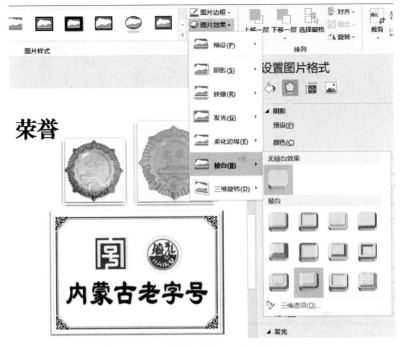

图 5-23　选择"棱台"→"棱纹"选项

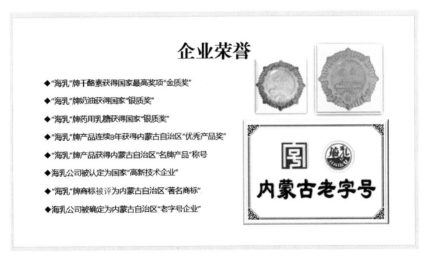

图 5-24　第三张幻灯片的效果

5.1.4　制作表格幻灯片

1. 设置艺术字标题

（1）插入第四张幻灯片。在幻灯片缩略图窗格中右击，在弹出的快捷菜单中选择"新建幻灯片"选项。

（2）插入艺术字。单击"插入"选项卡的"文本"组中的"艺术字"按钮下方的倒三角按钮，在弹出的下拉列表中选择"渐变填充：蓝色，主题 5；映像"选项（见图 5-25），出现艺术字文本框，默认显示"请在此放置您的文字"，在该文本框中删除原有文字，并输入"获奖统计表"（见图 5-26）。

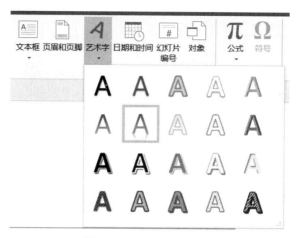

图 5-25　选择艺术字样式

获奖统计表

图 5-26　输入"获奖统计表"

（3）设置艺术字效果。选中艺术字，单击"格式"选项卡的"艺术字样式"组中的"文字效果"按钮右侧的倒三角按钮，在弹出的下拉列表中选择"转换"→"两端远"选项（见图 5-27）。

图 5-27　选择"转换"→"两端远"选项

2. 在幻灯片中插入表格

选中第四张幻灯片，单击"插入"选项卡的"表格"按钮下方的倒三角按钮，在弹出的下拉列表中选择"插入表格"选项，弹出"插入表格"对话框，输入列数和行数（见图 5-28），单击"确定"按钮，插入表格（见图 5-29）。

图 5-28 "插入表格"对话框　　　　　图 5-29 插入 5 行×3 列的表格

3.设置表格样式

（1）输入内容。在表格中输入相应的文字内容。

（2）设置字体格式。选中第 1 行文字，设置字体格式为"36 磅""居中"，选中第 2~5 行文字，设置字体格式为"28 磅""居中"（见图 5-30）。

（3）套用表格样式。单击表格中的任意单元格，在"设计"选项卡的"表格样式"组中，打开表格样式库，选择"浅色样式 2-强调 1"样式，套用表格样式后的效果如图 5-31 所示。

序号	等级	数量
1	国家级	4
2	行业	3
3	省级	10
4	市级	4

图 5-30 设置字体格式

序号	等级	数量
1	国家级	4
2	行业	3
3	省级	10
4	市级	4

图 5-31 套用表格样式

（4）设置表格样式。选中表格，单击"设计"选项卡的"表格样式"组中的"效果"按钮右侧的倒三角按钮，在弹出的下拉列表中选择"单元格凹凸效果"→"圆"选项（见图 5-32），设置表格样式后的效果如图 5-33 所示。

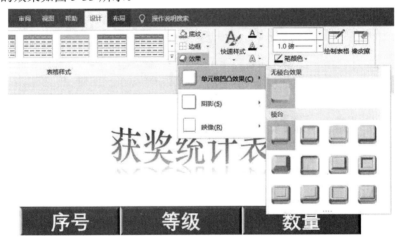

图 5-32 选择"单元格凸凹效果"→"圆"选项

获奖统计表

序号	等级	数量
1	国家级	4
2	行业	3
3	省级	10
4	市级	4

图 5-33 设置表格样式后的效果

5.1.5 制作 SmartArt 图形幻灯片

1．在幻灯片中插入形状

（1）新建第五张幻灯片，选择空白版式。

（2）插入形状。单击"插入"选项卡的"插图"组中的"形状"按钮，在弹出的下拉列表中选择"上凸带形"选项，将鼠标指针移至幻灯片上，此时的鼠标指针呈十字形，按住鼠标左键不放，拖动鼠标，插入形状。

（3）调整形状的大小。选中形状，将鼠标指针移至形状周围的控制点上，鼠标指针变成双向箭头，拖动控制点，调整形状的大小。

（4）在形状中添加文字。双击形状，输入文字"产品介绍"，选中该文字并右击，在弹出的快捷菜单中选择"字体"选项，在打开的"字体"对话框中，设置字体格式为"华文隶书""44磅"。

（5）设置形状样式。选中形状，单击"格式"选项卡的"形状样式"组中的"形状填充"按钮右侧的倒三角按钮，在弹出的下拉列表中选择"渐变"→"从中心"选项（见图 5-34）；选中形状，单击"格式"选项卡的"形状样式"组中的"形状轮廓"按钮右侧的倒三角按钮，在弹出的下拉列表中选择"虚线"→"圆点"选项（见图 5-35），形状效果如图 5-36 所示。

2．在幻灯片中插入文本框

（1）在第五张幻灯片中插入文本框。选中第五张幻灯片，单击"插入"选项卡的"文本"组中的"文本框"按钮下方的倒三角按钮，在弹出的下拉列表中选择"横排文本框"选项，将鼠标指针移至幻灯片上，此时的鼠标指针呈十字形，按住鼠标左键不放，拖动鼠标，插入文本框。

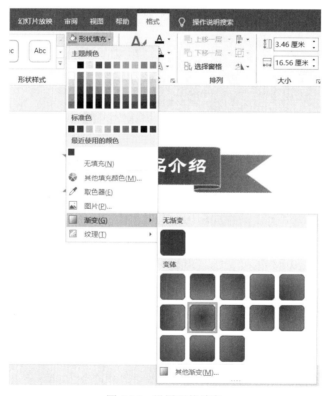

图 5-34　设置形状填充

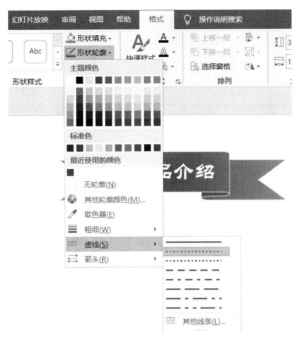

图 5-35　设置形状轮廓

图 5-36　形状效果

（2）编辑文字。输入文本，单击"开始"选项卡的"段落"组中的"降低列表级别"按钮，设置文本级别（见图 5-37）。

（3）将文本转换为 SmartArt 图形。选中文本框，单击"开始"选项卡的"段落"组中的"转换为 SmartArt 图形" 按钮右侧的倒三角按钮，在弹出的下拉列表中选择"表层次结构"选项（见图 5-38）。

图 5-37　设置文本级别　　　　　　　　图 5-38　选择"表层次结构"选项

（3）设置 SmartArt 图形样式。选中 SmartArt 图形，单击"设计"选项卡的"SmartArt 样式"组中的"更改颜色"按钮下方的倒三角按钮，在弹出的下拉列表中选择"彩色"→"彩色-个性色"选项（见图 5-39）。在"设计"选项卡的"SmartArt 样式"组中，打开 SmartArt 样式库，选择"三维"→"卡通"选项（见图 5-40）。

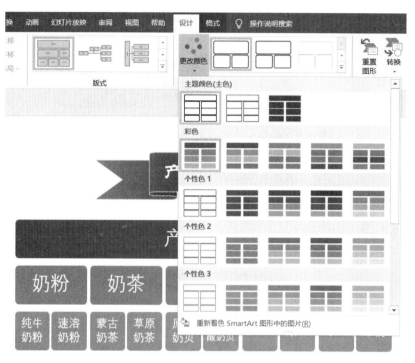

图 5-39　选择"彩色"→"彩色-个性色"选项

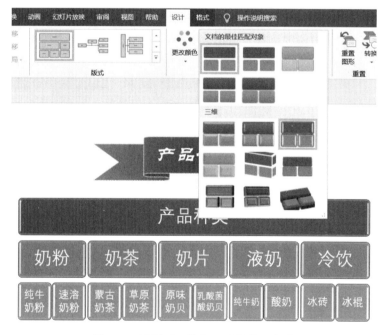

图 5-40　选择"三维"→"卡通"选项

工单 5.2　制作企业荣誉展示 PPT

【任务目标】

（1）掌握在演示文稿中选用主题的方法。

（2）掌握在演示文稿中设置背景的方法。

（3）掌握演示文稿放映效果设计的方法。

（4）掌握演示文稿打包和打印的方法。

【任务背景】

海乳公司计划在企业大厅的 LED 屏幕上滚动播出企业获得的荣誉，从而强化企业的宣传力度，要求制作的演示文稿图文并茂，能够循环放映。

【任务规划】

任务规划如图 5-41 所示。

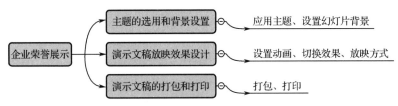

图 5-41　工单 5.2 的任务规划

【任务实施】

5.2.1　设置背景和选用主题

1. 设置背景

（1）删除第一张幻灯片中的图片。打开"企业介绍.pptx"演示文稿，单击第一张幻灯片，选中图片，按 Delete 键；在"文件"选项卡中选择"另存为"选项，在打开的"另存为"对话框中，将演示文稿另存为"企业荣誉.pptx"。

（2）为第一张幻灯片添加背景图片。单击"设计"选项卡的"自定义"组中的"设置背景格式"按钮，在"设置背景格式"对话框中选中"图片或纹理填充"单选钮（见图 5-42），单击"插入"按钮，在弹出的"插入图片"对话框中选择"黑白花奶牛.jpg"图片（见图 5-43）。

图 5-42　"设置背景格式"对话框

（3）设置背景图片的透明度。选中第一张幻灯片，在"设置背景格式"对话框中，将"透明度"的参数值调整为 70%（见图 5-44），调整后的效果如图 5-45 所示。

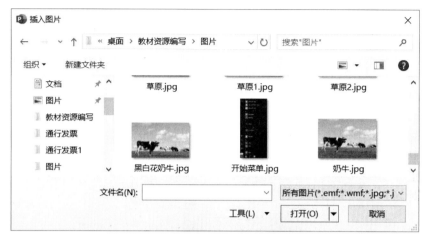

图 5-43　"插入图片"对话框

图 5-44　调整"透明度"的参数值

图 5-45　调整背景图片透明度后的效果

2．选用主题

选中任意一张幻灯片，在"设计"选项卡的"主题"组中，打开主题库，选择"平面"主题，幻灯片效果如图 5-46 所示，单击"设计"选项卡的"变体"组中的"其他"按钮，在弹出的下拉列表中选择"颜色"→"红橙色"选项（见图 5-47），幻灯片效果如图 5-48 所示。

图 5-46　应用"平面"主题后的幻灯片效果

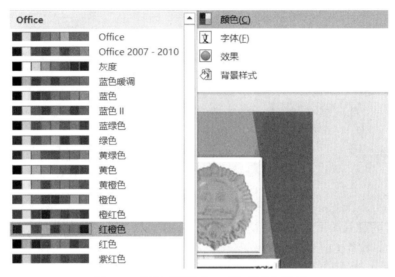

图 5-47　选择"颜色"→"红橙色"选项

图 5-48　应用"红橙色"主题后的幻灯片效果

5.2.2　演示文稿放映效果设计

1．设置动画效果

（1）设置进入、退出动画。

① 输入标题。新建幻灯片，先输入左侧标题"荣誉证书展示"，再单击"插入"选项卡的"文本"组中的"艺术字"按钮，在弹出的下拉列表中选择"填充：红色，主题 3；锋利棱台"选项，添加艺术字标题"国家级"（见图 5-49）。

荣誉证书展示　　　　**国家级**

图 5-49　输入标题

② 制作文字的进入动画。选中"国家级"艺术字，单击"动画"选项卡的"动画"组中的"其他"按钮，在弹出的下拉列表中选择"进入"→"弹跳"选项（见图 5-50）。

图 5-50　选择"进入"→"弹跳"选项

③ 制作图片的进入动画。单击"插入"选项卡的"图像"组中的"图片"按钮，在打开的"浏览"对话框中，按住 Ctrl 键不放，选中"金奖""银奖"图片，单击"插入"按钮，调整图片的位置（见图 5-51）。选中"金奖""银奖"图片，单击"动画"选项卡的"动画"组中的"其他"按钮，在弹出的下拉列表中选择"进入"→"翻转式由远及近"选项，进入"动画"选项卡的"计时"组，在"开始"下拉列表中选择"上一动画之后"选项（见图 5-52），并设置"持续时间"为"02.00"（见图 5-53）。

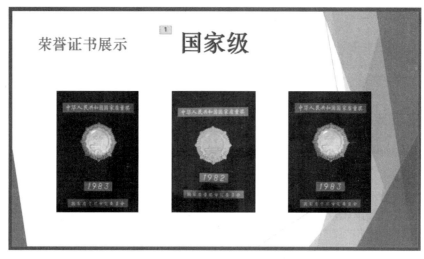

图 5-51　插入"金奖""银奖"图片

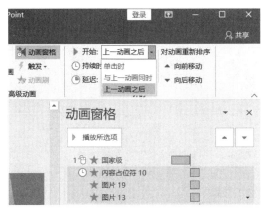

图 5-52 设置动画的"开始"方式

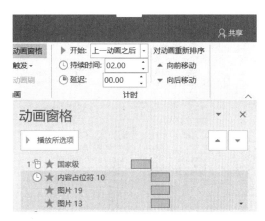

图 5-53 设置动画的"持续时间"

④ 制作退出动画。选中"国家级"艺术字，单击"动画"选项卡的"高级动画"组中的"添加动画"按钮下方的倒三角按钮，在弹出的下拉列表中选择"更多退出效果"选项，在弹出的"添加退出效果"对话框中选择"华丽型"→"弹跳"选项，进入"动画"选项卡的"计时"组，在"开始"下拉列表中选择"单击时"选项，并设置"持续时间"为"02.00"（见图 5-54）。选中"金奖""银奖"图片，单击"动画"选项卡的"高级动画"组中的"添加动画"按钮下方的倒三角按钮，在弹出的下拉列表中选择"更多退出效果"选项，在弹出的"添加退出效果"对话框中选择"温和"→"收缩并旋转"选项，进入"动画"选项卡的"计时"组，在"开始"下拉列表中选择"与上一动画同时"选项，并设置"持续时间"为"02.00"（见图 5-55）。

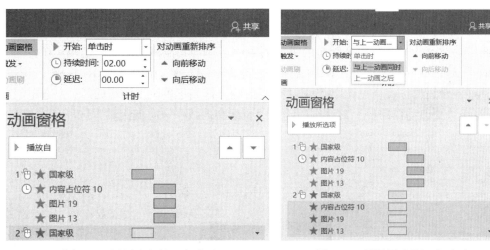

图 5-54 设置文字的退出动画　　　　　　图 5-55 设置图片的退出动画

（2）设置强调、路径动画。

① 制作强调动画。复制第六张幻灯片，将艺术字"国家级"改为"行业奖"，单击"动画"选项卡的"动画"组中的"其他"按钮，在弹出的下拉列表中选择"强调"→"跷跷板"选项（见图 5-56），进入"动画"选项卡的"计时"组，在"开始"下拉列表中选择"单击时"选项，并设置"持续时间"为"02.00"。

② 制作路径动画。删除"金奖""银奖"图片，插入"信息监测工作先进单位""行业驰名产品""行业精品""行业品牌评估"四张图片，为"信息监测工作先进单位"图片添加图片样式"双框架 黑色"，为"行业驰名产品""行业精品"两张图片添加图片样式"棱台矩形"，效果如图 5-57 所示。

图 5-56　强调动画列表

图 5-57　为图片添加图片样式

设置"向下转""向上转"路径动画。选中"行业品牌评估"图片，单击"动画"选项卡的"动画"组中的"其他"按钮，在弹出的下拉列表中选择"其他路径动画"选项，在弹出的"更改动作路径"对话框中选择"直线和曲线"→"向下转"选项（见图 5-58），将路径动画的终点（红色点）移至合适的位置（见图 5-59）。"信息监测工作先进单位"图片的路径动画的设置方法同上，只是在"更改动作路径"对话框中选择"直线和曲线"→"向上转"选项（见图 5-60）。

图 5-58　"更改动作路径"对话框

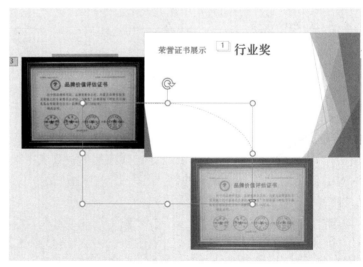

图 5-59　"向下转"路径动画

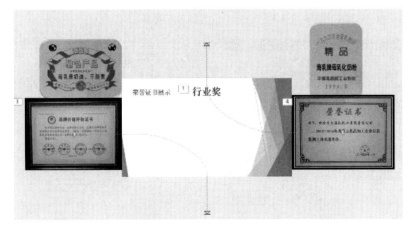

图 5-60 "向上转"路径动画

设置"向右弹跳""向左弹跳"路径动画。选中"行业驰名产品"图片，单击"动画"选项卡的"动画"组中的"其他"按钮，在弹出的下拉列表中选择"其他路径动画"选项，在弹出的"更改动作路径"对话框中选择"直线和曲线"→"向右弹跳"选项，将路径动画的终点（红色点）移至合适的位置。"行业精品"图片的路径动画的设置方法同上，只是在"更改动作路径"对话框中选择"直线和曲线"→"向左弹跳"选项（见图 5-61）。

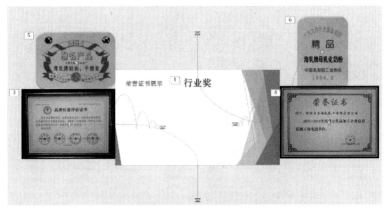

图 5-61 "向左弹跳"和"向右弹跳"路径动画

设置路径动画属性。同时选中四张图片，打开"效果选项"对话框，切换至"计时"选项卡，在"开始"下拉列表中选择"单击时"选项，在"期间"下拉列表中选择"慢速(3 秒)"选项，单击"确定"按钮（见图 5-62）。

（3）调整动画的播放顺序。在"动画窗格"对话框中，选中"行业奖"退出动画（见图 5-63），单击 4 次右侧的倒三角按钮，将"行业奖"退出动画调整到底端（见图 5-64）。

（4）预览动画。单击"动画"选项卡的"预览"组中的"预览"按钮，或者单击"全部播放"按钮，即可预览动画。

2．幻灯片切换效果设计

（1）设置幻灯片的切换样式。

① 设置第一张幻灯片的切换样式。选中第一张幻灯片，在"切换"选项卡的"切换到此幻灯片"组中单击右下角的"其他"

图 5-62 "效果选项"对话框

按钮，在弹出的下拉列表中选择"华丽"→"涡流"选项。

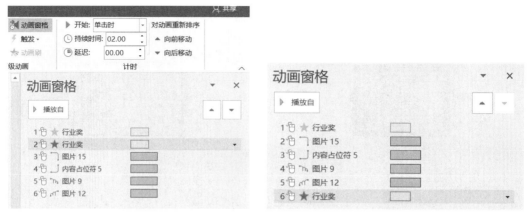

图 5-63　"动画窗格"对话框　　　　　图 5-64　调整动画的播放顺序

② 设置第二张幻灯片的切换样式。选中第二张幻灯片，在"切换"选项卡的"切换到此幻灯片"组中单击右下角的"其他"按钮，在弹出的下拉列表中选择"华丽"→"帘式"选项（见图 5-65）。

图 5-65　幻灯片切换列表

③ 设置第三张幻灯片的切换样式。选中第三张幻灯片，在"切换"选项卡的"切换到此幻灯片"组中单击右下角的"其他"按钮，在弹出的下拉列表中选择"动态内容"→"旋转"选项。

④ 设置第四张幻灯片的切换样式。选中第四张幻灯片，在"切换"选项卡的"切换到此幻灯片"组中单击右下角的"其他"按钮，在弹出的下拉列表中选择"细微"→"形状"选项。

⑤ 设置第五张幻灯片的切换样式。选中第五张幻灯片，在"切换"选项卡的"切换到此幻灯片"组中单击右下角的"其他"按钮，在弹出的下拉列表中选择"华丽"→"闪耀"选项。

（2）设置幻灯片的切换效果。

① 设置第三张幻灯片的切换效果。选中第三张幻灯片，在"切换"选项卡的"切换到此幻灯片"组中单击"效果选项"按钮下方的倒三角按钮，在弹出的下拉列表中选择"自底部"选项（见图 5-66）。

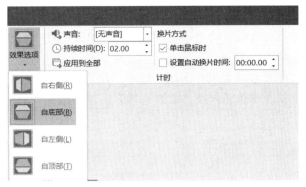

图 5-66　幻灯片切换"效果选项"列表

②　设置第四张幻灯片的切换效果。选中第四张幻灯片,在"切换"选项卡的"切换到此幻灯片"组中单击"效果选项"按钮下方的倒三角按钮,在弹出的下拉列表中选择"菱形"选项;在"切换"选项卡的"计时"组中设置"持续时间"为"01.00"(见图 5-67)。

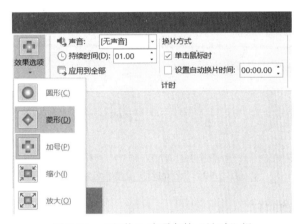

图 5-67　"切换"选项卡的"计时"组

③　设置第五张幻灯片的切换效果。选中第五张幻灯片,在"切换"选项卡的"计时"组中的"声音"下拉列表中选择"风铃"选项(见图 5-68)。

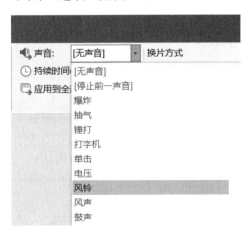

图 5-68　选择"风铃"选项

(3)预览幻灯片的切换效果。

单击"切换"选项卡的"预览"组中的"预览"按钮,预览切换效果。

（4）设置幻灯片的放映方式。

（1）单击"幻灯片放映"选项卡的"设置"组中的"设置幻灯片放映"按钮，弹出"设置放映方式"对话框（见图5-69）。

（2）设置放映方式。在"放映类型"区域中选中"演讲者放映(全屏幕)"单选钮；在"放映幻灯片"区域中选中"全部"单选钮；在"放映选项"区域中选中"循环放映，按 ESC 键终止"复选框（见图5-69）。

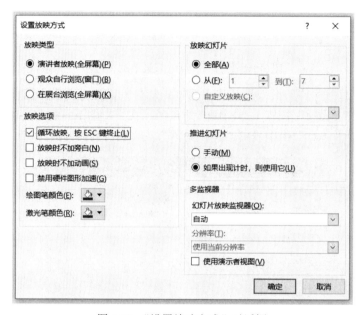

图 5-69　"设置放映方式"对话框

5.2.3　演示文稿打包和打印

1. 演示文稿打包

（1）双击"企业荣誉"演示文稿，在"文件"选项卡中选择"导出"选项，在界面右侧选择"将演示文稿打包成CD"选项，单击"打包成CD"按钮（见图5-70）。

图 5-70　选择"将演示文稿打包成 CD"选项

（2）在打开的"打包成 CD"对话框中，单击"复制到文件夹"按钮（见图 5-71），打开"复制到文件夹"对话框（见图 5-72）。

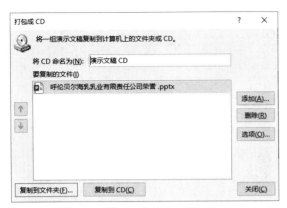

图 5-71　"打包成 CD"对话框　　　　　图 5-72　"复制到文件夹"对话框

（3）输入文件夹名称"呼伦贝尔海乳乳业有限公司荣誉"，设置文件复制的目标位置，单击"确定"按钮，弹出提示框（见图 5-73），单击"是"按钮，将文件复制到"呼伦贝尔海乳乳业有限公司荣誉"文件夹中，复制操作完成后，自动打开该文件夹（见图 5-74）。

图 5-73　弹出提示框

图 5-74　自动打开该文件夹

（4）单击"关闭"按钮，关闭"打包成 CD"对话框。

2．打印演示文稿

（1）双击"呼伦贝尔海乳乳业有限公司荣誉"演示文稿，在"文件"选项卡中选择"打印"选项（见图 5-75）。

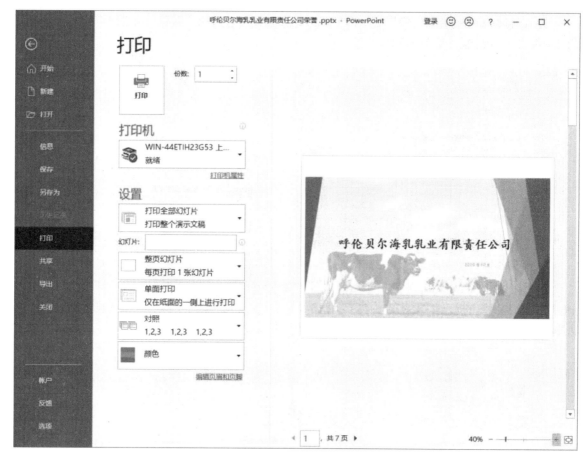

图 5-75　选择"打印"选项

（2）在"幻灯片"文本框中输入"1-7"，在"份数"文本框中输入"2"，单击"整页幻灯片"按钮右侧的倒三角按钮，在弹出的下拉列表中选择"4 张水平放置的幻灯片"选项（见图 5-76），打印预览如图 5-77 所示，单击"打印"按钮。

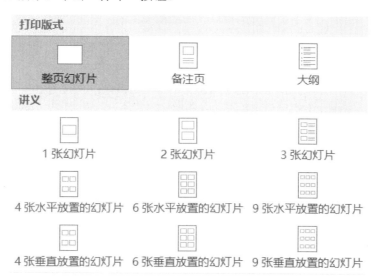

图 5-76　选择"4 张水平放置的幻灯片"选项

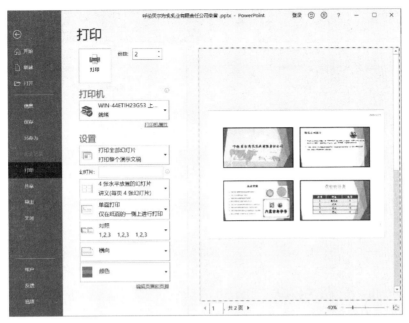

图 5-77　打印预览

微课视频

工单 5.3　制作企业新产品发布会 PPT

【任务目标】

（1）掌握幻灯片母版的设计与使用的方法。

（2）掌握插入音频文件、视频文件的方法。

（3）掌握超链接、动作按钮的创建与使用的方法。

【任务背景】

海乳公司是一家老字号企业，在原有产品的基础上，又新研发了适宜儿童、成人等各类群体食用的保健零食（乳酸菌酸奶片）。公司希望销售部制作新产品发布会幻灯片，以便更好地展示新产品，让新产品深入人心。此外，公司希望销售部能对演示文稿进一步完善，加入音频文件、视频文件和超链接。

【任务规划】

任务规划如图 5-78 所示。

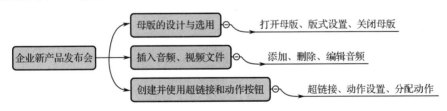

图 5-78　工单 5.3 的任务规划

【任务实施】

5.3.1　使用幻灯片母版

1. 打开幻灯片母版

在"视图"选项卡的"母版视图"组中单击"幻灯片母版"按钮（见图 5-79），切换至幻灯片母版视图。

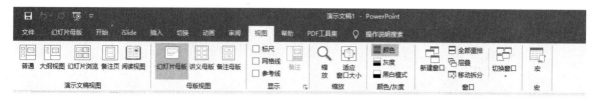

图 5-79　切换至幻灯片母版视图

2. 编辑幻灯片母版

在左侧的缩略图窗格中选择"Office 主题幻灯片母版",在右侧的幻灯片编辑区中插入图片"海乳标志.jpg",将图片放置在幻灯片的右上角,并调整图片的大小(见图 5-80)。

图 5-80　编辑母版

3. 关闭幻灯片母版

在"幻灯片母版"选项卡的"关闭"组中,单击"关闭母版视图"按钮,退出幻灯片母版视图(见图 5-81 和图 5-82)。

图 5-81　单击"关闭母版视图"按钮

图 5-82　退出幻灯片母版视图

5.3.2　使用音频文件和视频文件

1. 添加音频文件

（1）选择第一张幻灯片。

（2）在"插入"选项卡的"媒体"组中，单击"音频"按钮下方的倒三角按钮，在弹出的下拉列表中选择"PC上的音频"选项（见图5-83）。

图5-83　选择"PC上的音频"选项

（3）在弹出的"插入音频"对话框中选择音频文件，则在幻灯片中显示扬声器图标和控制条（见图5-84）。

图5-84　显示扬声器图标和控制条

（4）在"音频工具-播放"选项卡的"音频选项"组中，选中"跨幻灯片播放"复选框和"循环播放，直到停止"复选框（见图5-85）。

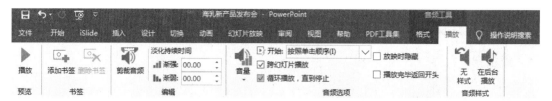

图 5-85　在"音频工具-播放"选项卡的"音频选项"组中进行设置

2．添加视频文件

（1）选择第三张幻灯片。

（2）在"插入"选项卡的"媒体"组中，单击"视频"按钮下方的倒三角按钮，在弹出的下拉列表中选择"PC上的视频"选项（见图5-86）。

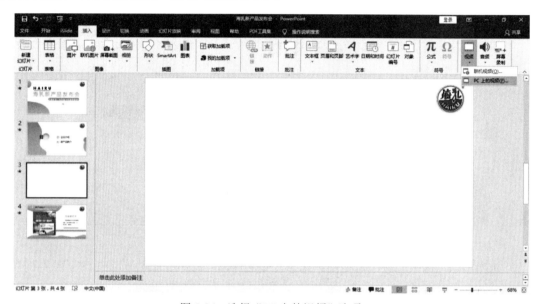

图 5-86　选择"PC上的视频"选项

（3）在弹出的"插入视频"对话框中选择视频文件，则视频文件被插入幻灯片中（见图5-87）。

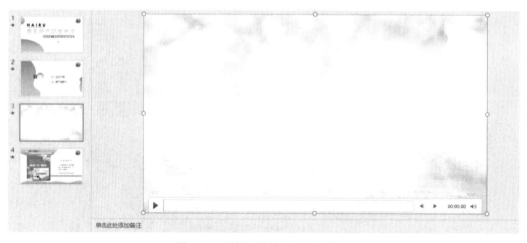

图 5-87　视频文件被插入幻灯片中

（4）在"视频工具-播放"选项卡的"视频选项"组中，选中"全屏播放"复选框和"循环播放，直到停止"复选框（见图5-88）。

图 5-88　在"视频工具-播放"选项卡的"视频选项"组中进行设置

5.3.3　创建并使用超链接和动作按钮

1．添加超链接

在第二张幻灯片中，选中文字"新产品推介"，单击"插入"选项卡的"链接"组中的"链接"按钮（见图 5-89）。

说明：在 Office 软件中，"链接"与"超链接"的含义相同。

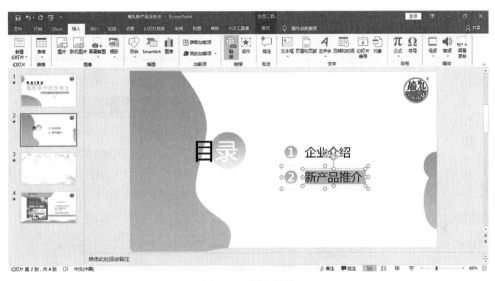

图 5-89　插入链接

2．插入超链接

弹出"插入超链接"对话框，在"链接到"区域中选择"本文档中的位置"选项，在"请选择文档中的位置"区域中选择"3．幻灯片 3"选项，单击"确定"按钮（见图 5-90）。

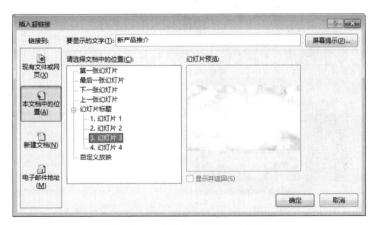

图 5-90　"插入超链接"对话框

【提示】在目录页中，已经添加了超链接的文字就会改变颜色，并且添加下画线。使用"幻灯片放映"视图时，目录的超链接效果就可以显现（见图5-91）。

图 5-91 超链接效果

3．添加动作按钮

（1）选择第四张幻灯片，在"插入"选项卡的"插图"组中，单击"形状"按钮下方的倒三角按钮（见图5-92）。

图 5-92 单击"形状"按钮下方的倒三角按钮

（2）在弹出的下拉列表中选择"动作按钮"→"回到主页"选项（见图5-93）。

图 5-93 选择"动作按钮"→"回到主页"选项

（3）在幻灯片的右下角绘制动作按钮（见图5-94）。

图 5-94 绘制动作按钮

（4）在弹出的"操作设置"对话框中，选中"超链接到"单选钮，并在下拉列表中选择"第一张幻灯片"选项（见图 5-95）。

图 5-95　"操作设置"对话框

【任务拓展】

利用"播放"选项卡中的命令，添加并剪辑背景音乐，使背景音乐在第二张幻灯片播放完成后停止播放。

第三篇 信息技术应用

模块6 数据库技术

工单6 创建货物购销单

微课视频

【任务目标】

（1）掌握创建数据库和数据表的方法。

（2）掌握创建查询的方法。

（3）掌握创建窗体和控件的方法。

【任务背景】

小超市老板张某需要定期查看货物库存及货物的保质期。为了提高效率并掌握准确的信息，他特意请专业人员开发了一个简单、实用的货物购销查询系统。该系统利用 Access 创建完成。

【任务规划】

任务规划如图 6-1 所示。

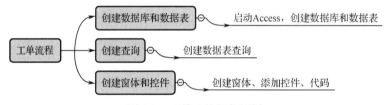

图 6-1 工单 6 的任务规划

【效果展示】

货物购销查询系统的界面如图 6-2 所示。

图 6-2 货物购销查询系统的界面

【任务实施】

Access 2016 是微软公司开发的一款将数据库引擎图形界面和软件开发工具结合在一起的数据库管理系统，Access 2016 是 Microsoft Office 的组件之一。对于初学者来说，Access 2016 比较容易入手。

6.1.1 创建数据库和数据表

1. 创建名为"货物购销"的数据库

（1）执行"开始"→"Access 2016"菜单命令，启动 Access 2016，如图 6-3 所示。选择"空白数据库"选项。

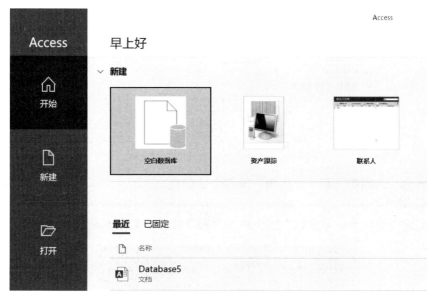

图 6-3　选择"空白数据库"选项

（2）出现如图 6-4 所示的对话框，在"文件名"文本框中输入"货物购销"。

图 6-4　空白数据库

（3）单击文件名右侧的  按钮，弹出"文件新建数据库"对话框（见图 6-5），在此对话框中设置文件名、保存类型和保存路径，单击"确定"按钮，退出"文件新建数据库"对话框。

（4）单击"创建"按钮，完成数据库的创建。

图 6-5 "文件新建数据库"对话框

2．创建名为"入库单"和"出库单"的两个数据表

（1）直接创建。

① 在"创建"选项卡的"表格"组中单击"表"按钮（见图 6-6）。

图 6-6 单击"表"按钮

② 出现表结构界面（见图 6-7），单击"单击以添加"右侧的倒三角按钮，添加字段并设置字段类型。

图 6-7 表结构界面

（2）通过设计视图创建。

① 在"创建"选项卡的"表格"组中，单击"表设计"按钮，弹出表设计视图（见图 6-8）。

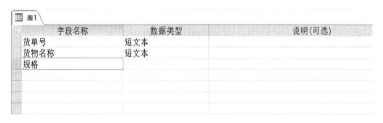

图 6-8 表设计视图

② 在"字段名称"列中填写字段名称，在"数据类型"列中设置相应字段的数据类型。

6.1.2 创建查询

1．创建货物来源查询

（1）在"创建"选项卡的"查询"组中，单击"查询设计"按钮（见图6-9）。
弹出"显示表"对话框（见图6-10）。

图6-9 单击"查询设计"按钮　　　　　　图6-10 "显示表"对话框

（2）双击"入库单"数据表，将其添加到查询中，"查询1"界面如图6-11所示。

（3）在查询设计视图的第一列中添加字段"货物名称"，在第二列中添加字段"货源"（见图6-12）。

图6-11 "查询1"界面　　　　　　图6-12 查询设计视图

（4）在"货物名称"列和"条件"行交叉的单元格中输入"[请输入货物名称：]"，显示货物名称和来源（见图6-13）。

图6-13 输入"[请输入货物名称：]"

2．创建库存查询

（1）创建库存查询，将"入库单"数据表和"出库单"数据表添加到查询中，并将"货单号"设置为主键，表关系如图6-14所示。

图 6-14　表关系

（2）设置显示字段。在查询设计视图的第一列中，设置"字段"为"货物名称"，设置"表"为"入库单"或"出库单"。在第二列中，设置"字段"为"存量: 入库单.入库数量-出库单.出库数量"（见图 6-15）。

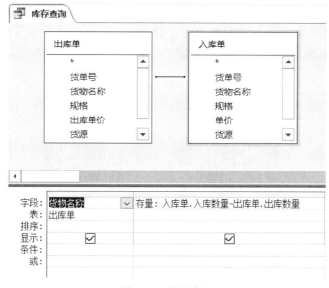

图 6-15　设置字段

（3）保存文件，并将文件命名为"库存查询"，单击"运行"按钮，结果如图 6-16 所示。

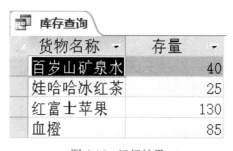

图 6-16　运行结果

6.1.3　创建窗体和控件

1. 创建主窗体

在"创建"选项卡的"窗体"组中，单击"窗体设计"按钮（见图 6-17）。

图 6-17　单击"窗体设计"按钮

（2）主窗体如图 6-18 所示。

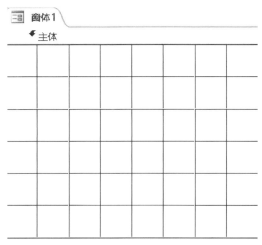

图 6-18　主窗体

2．添加控件

（1）在"控件"组中选择"标签"控件（见图 6-19），将其添加到窗体中，并输入"货物查询"。在"控件"组中选择"按钮"控件（见图 6-20），将其添加到窗体中，输入"查询货源"，再以同样的方式添加"按钮"控件，并输入"查询库存"，设置文字的字体和大小，调整控件的位置，添加控件后的效果如图 6-21 所示。

图 6-19　选择"标签"控件

图 6-20　选择"按钮"控件

（2）保存窗体，并将其命名为"货物查询"。

3. 创建"查询货源"和"库存查询"窗体

（1）在左侧的导航栏中选择"查询"→"查询货源"选项（见图6-22）。

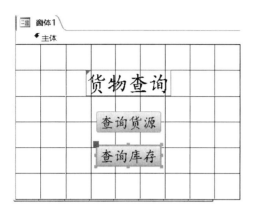

图 6-21 添加控件后的效果

图 6-22 选择"查询"→"查询货源"选项

（2）在"创建"选项卡的"窗体"组中，单击"多个项目"按钮（见图6-23）。

图 6-23 单击"多个项目"按钮

创建"查询货源"窗体（见图6-24）。

图 6-24 "查询货源"窗体

（3）将窗体切换到"设计视图"模式，窗体设计视图如图6-25所示。进行必要的属性设置后，保存"查询货源"窗体。

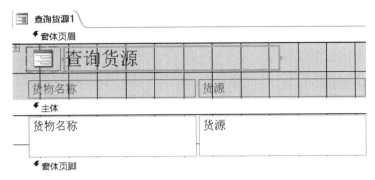

图 6-25　窗体设计视图（"查询货源"窗体）

（4）使用同样的方法为"库存查询"创建名为"库存查询"的窗体。

4．绑定数据表并填写代码

（1）在窗体设计视图中右击"查询货源"按钮，在弹出的快捷菜单中选择"事件生成器"选项（见图 6-26）。

图 6-26　选择"事件生成器"选项

（2）在弹出的"选择生成器"对话框中选择"代码生成器"选项（见图 6-27）。

图 6-27　"选择生成器"对话框

（3）在代码生成器中输入"查询货源"按钮的代码：

```
Docmd.Close
DoCmd.Openform "查询货源"
```

同理，为"查询库存"按钮添加代码：

```
Docmd.Close
DoCmd.Openform "查询库存"
```

代码运行效果如图6-28所示。

图6-28　代码运行效果

【任务拓展】

1．创建报表

创建如图6-29所示的报表。

图6-29　报表

2．创建宏和应用宏

（1）区分独立宏和嵌入式宏。

（2）掌握宏组和独立宏的应用。

模块 7　网页设计

工单 7　设计购物网站首页

微课视频

【任务目标】

（1）掌握 HTML 文本标签、超链接、图片、表格的定义和功能。

（2）掌握 CSS 样式中的文本特效、背景和边框、盒子模型、布局属性的定义和功能。

（3）综合应用 HTML+CSS 设计购物网站首页。

【效果展示】

购物网站首页的效果如图 7-1 所示。

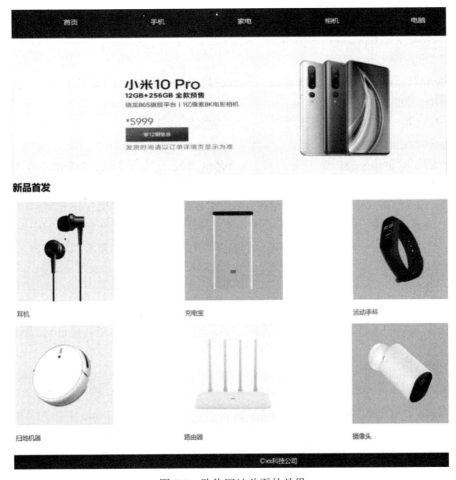

图 7-1　购物网站首页的效果

【任务背景】

王晶晶是呼伦贝尔电子商城的一名员工。领导结合目前的市场环境和需求，提出要为电子商城设计一个购物网站首页，于是王晶晶申请加入网站开发项目组进行学习和实践。

【任务规划】

任务规划如图 7-2 所示。

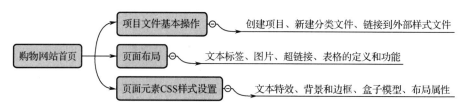

图 7-2　工单 7 的任务规划

【任务实施】

7.1.1　选择 HTML 开发编辑工具

所谓"工欲善其事，必先利其器"，在网页制作的过程中，为了便于开发，开发者通常会选择一些比较便捷的编辑工具。下面列举几个常见的 HTML 开发工具。

1．NotePad+

NodePad+是一款文本编辑器，软件小巧、高效，并且支持多种编程语言，如 C、C++、Java、C#、XML、HTML、PHP、JavaScript 等。

2．Visual Studio Code

Visual Studio Code 是一款针对 Web 应用和云应用的跨平台源代码编辑器。

3．Sublime Text

Sublime Text 是一款轻量级的编辑器，支持各种编程语言。

4．WebStorm

WebStorm 是 JetBrains 公司旗下的一款 JavaScript 开发工具，常用于 HTML5 开发。

5．Dreamweaver

Adobe Dreamweaver 是美国 MACROMEDIA 公司开发的一款集网页制作和网站管理于一身的所见即所得的网页编辑器。Dreamweaver 是第一款针对专业的网页设计师而特别研发的视觉化网页开发工具。使用 Dreamweaver 可以轻而易举地制作出跨越平台限制和跨越浏览器限制的充满动感的网页。

6．HBuilderX

HBuilderX 是一款国产的前端开发工具，该软件具有轻巧、方便等特点，并提供强大的语法提示功能，以及高效的操作流程。该软件无须安装，直接使用下载的工具包即可。

7.1.2　创建文件

1．新建 index.html 文件

新建 gw 项目，在 gw 文件夹下新建 index.html 文件作为首页，在 title 中输入"购物网站"。

2．新建 style.css 文件

在 gw 项目的 css 文件夹下新建 style.css 文件。

7.1.3　链接到外部样式文件

1．链接样式文件

在 index.html 文件的<head>标签中，使用<link>标签引入 CSS 外部文件 style.css，代码如下：

```
<head>
<link src="style.css" type="text/css" rel="stylesheet"/>
</head>
```

2．重置默认样式

打开 style.css 文件，重置默认样式：将字符大小设置为 18px，内边距和外边距的默认值为 0，去除文本装饰，代码如下：

```
body{        font-size:18px;
        margin:0;
        padding:0;
        text-decoration:none;}
```

7.1.4　导航栏样式

1．设置导航栏结构

在 index.html 文件中，使用<div>标签和<ul>标签搭建导航栏结构，代码如图 7-3 所示。

```
<div id="top">
    <ul class="toplist">
        <li><a href="">首页</a></li>
        <li><a href="">手机</a></li>
        <li><a href="">家电</a></li>
        <li><a href="">相机</a></li>
        <li><a href="">电脑</a></li>
    </ul>
</div>
```

图 7-3　在 index.html 文件中搭建导航栏结构

2．设置导航栏样式

在 style.css 文件中，为独立样式的<div>标签和<ul>标签添加 CSS 样式，代码如图 7-4 所示。

```
li{list-style: none;}
a{text-decoration: none;}
img{max-width:100%;}
#top{    padding:20px 0;
    width:100%;
    background-color: #222;}
.toplist{    display: table;
    width:100%;}
.toplist li{display: table-cell;}
.toplist li>a{
    display: block;
    text-align: center;
    color: white;}
```

图 7-4　在 style.css 文件中添加 CSS 样式

7.1.5　商品栏

1．banner 广告图

按照要求设计 banner 广告图。

2．输入"新品首发"的相关代码

在 index.html 文件中输入"新品首发"的相关代码，代码如图 7-5 所示。

```
<img src="img/banner1.jpg">
<div id="content">
    <div id="product">
        <h2>新品首发</h2>
        <div><img src="img/sp1.jpg" alt=""><a href="">
                <p>耳机</p></a></div>
        <div><img src="img/sp2.jpg" alt=""><a href="">
                <p>充电宝</p></a></div>
        <div><img src="img/sp3.jpg" alt=""><a href="">
                <p>运动手环</p></a></div>
        <div><img src="img/sp4.jpg" alt=""><a href="">
                <p>扫地机器</p></a></div>
        <div><img src="img/sp5.jpg" alt=""><a href="">
                <p>路由器</p></a></div>
        <div><img src="img/sp6.jpg" alt=""><a href="">
                <p>摄像头</p></a></div>
    </div>
</div>
```

图 7-5　在 index.html 文件中输入"新品首发"的相关代码

3．设置"新品首发"的 CSS 样式

在 style.css 文件中，设置"新品首发"的 CSS 样式，代码如图 7-6 所示。

```
#content{width: 100%;
    margin: 0 auto;}
#product div{width:30%;
display: inline-block;
padding: 0 10px;
    }
```

图 7-6　在 style.css 文件中设置"新品首发"的 CSS 样式

7.1.6　底边栏

1．设置底边栏

在 index.html 文件中，输入"xx 科技公司"，代码如图 7-7 所示。

```
<div id="bottom">
    <p>&copy;xx科技公司</p>
</div>
```

图 7-7　设置底边栏

2．设置底边栏的 CSS 样式

在 style.css 文件中，设置底边栏的 CSS 样式（见图 7-8）。

```
#bottom{width:100%;
    height: 40px;
    background-color: #222222;
    line-height: 40px;
    text-align: center;
        color: #EEEEEE;}
```

图 7-8　设置底边栏的 CSS 样式

【提示】

在设计购物网站首页的案例中，导航栏的关键是浮动设置。此外，链接使用块级元素的方式；"新品首发"的图片宽度设置为页面宽度的 30%，图片采用行内元素的方式。

本例旨在引导读者综合应用 HTML+CSS 技术设计网页，并掌握文本特效、背景和边框、盒子模型、布局属性的定义和功能。

【任务拓展】

制作会员注册表单

在实际应用中，我们经常会遇到账号注册、登录、搜索、用户调查等操作流程。在大部分网站中，这些操作流程通常使用 HTML 表单实现，以便与用户进行信息交互。请读者根据所学的知识，制作会员注册表单（见图 7-9）。

图 7-9　会员注册表单

【提示】

1．用<div>标签和<table>标签搭建 form 表单结构。

2．为需要独立样式的标签添加 CSS 样式。

模块8　算法与程序设计基础

工单8　算法与程序设计

微课视频

【任务目标】

（1）掌握算法的定义、特点及其表示方法。

（2）掌握程序的3种基本结构，了解程序设计技术的发展历程。

（3）了解程序设计的步骤。

（4）了解常用的高级程序设计语言。

【任务背景】

呼伦贝尔商贸有限公司的新员工季南风，经过入职培训后，被安排到软件开发部工作。在日常工作中，季南风需要学习常用的算法，并且使用编程语言进行软件开发。公司为了更好地开展业务，对软件开发部的员工组织统一的技能培训，以便大家更好地掌握算法和程序设计语言的相关知识。

【任务规划】

任务规划如图8-1所示。

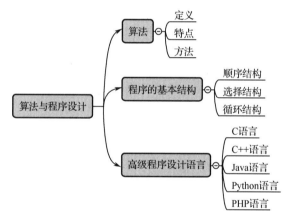

图8-1　工单8的任务规划

【任务实施】

8.1.1　算法

1. 算法的定义和特点

算法的解释有很多种，其定义并不是唯一的。算法是一种以数学为本质的计算方法。本书所介绍的算法是对特定问题求解步骤的一种描述。算法有输入、输出、有穷性、确定性和可行性五个重要特征。

（1）输入：一个算法具有0个或多个输入。输入是算法开始前对算法给出的初始量。

（2）输出：一个算法至少产生一个输出。输出与输入有一定的关系。

（3）有穷性：算法中每条指令的执行次数必须是有限的，并且在有穷的时间内完成。

（4）确定性：算法中每条指令的含义都必须明确定义，即在任何条件下，相同的输入只能得到相同的输出。

（5）可行性：一个算法的执行时间是有限的。

2．算法的表示方法

算法是对解题过程的描述，常见的算法表示方法有自然语言、流程图（见图8-2）、程序设计语言、伪代码、N-S图和PAD图等。

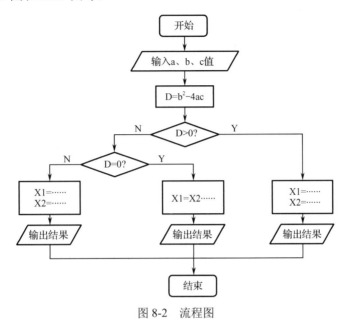

图8-2　流程图

8.1.2　程序的基本结构

计算机本身不能完成任何运算，需要我们告诉计算机如何运算，这就是程序的作用。我们借助程序设计语言与计算机交流，即通过程序设计语言，将我们输入的数据转换为计算机可以识别的指令。

自计算机诞生以来，伴随着计算机硬件性能的不断提高，软件系统的规模不断扩大，编程语言经历了机器语言时代、汇编语言时代和高级程序设计语言时代，程序设计方法也从最初的面向计算机的程序设计逐渐发展为面向过程和面向对象的程序设计。

程序的3种基本结构包括顺序结构、选择结构和循环结构（见图8-3）。

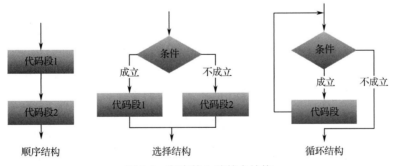

图8-3　程序的3种基本结构

1．顺序结构

顺序结构：依据语句出现的先后顺序，依次执行语句。顺序结构是控制结构中最简单的结构。

2．选择结构

选择结构：根据所列条件的正确与否来决定执行路径。选择结构也被称为分支结构或条件结构。

3. 循环结构

循环结构：反复执行一个或多个操作直到满足退出条件才终止重复的程序结构。循环结构通常包含两种情况：第一种情况是循环次数不固定，需要根据当前的条件决定是否继续执行循环体；第二种情况是循环次数固定，执行循环体的次数可以明确给出。

8.1.3 高级程序设计语言

计算机语言的种类非常多，总的来说可以分成机器语言、汇编语言、高级程序设计语言三大类。计算机能识别的语言只有机器语言，即由二进制数 0 或 1 构成的一串指令集合。但是，我们在编程时一般不采用机器语言，因为它不便于记忆和识别，我们在编程时通常使用汇编语言和高级程序设计语言。汇编语言用英文字母或符号串来替代机器语言，把不便于理解和记忆的机器语言按照对应的关系转化为汇编指令。汇编语言比机器语言更容易阅读和理解，但可移植性差，由此促使了高级程序设计语言的诞生。高级程序设计语言是一类语言的统称，它比汇编语言更贴近人类使用的语言，具有良好的可移植性，也更容易理解、记忆和使用。

本书主要介绍目前常用的高级程序设计语言的产生、特点和应用领域。

1. C 语言

C 语言是 20 世纪 70 年代初期由贝尔实验室的 Dennis Ritchie 开发的。C 语言允许对字节、位和地址直接操作，便于移植，执行效率高，语法十分简洁，可有效地表示复杂的算法。C 语言属于高级程序设计语言，同时也吸收了汇编语言的一些优点。

C 语言可以开发操作系统，包括个人桌面领域的 Windows 内核系统、服务器领域的 Linux 内核系统，以及 FreeBSD 系统和苹果公司研发的 Mac 系统。

C 语言可以用于开发应用软件，如数据库 Oracle、MySQL、SQLite，办公软件 WPS、Office，数学应用软件 MATLAB。

C 语言可以用于底层技术的开发，如传感器、蓝牙等。此外，Wi-Fi 网络传输模块所使用的硬件驱动库、嵌入式实时操作系统等都是使用 C 语言开发的。

C 语言具有强大的图像处理能力。一些成熟的跨平台游戏库，比如 OpenGL、SDL 等也是由 C 语言开发。

2. C++语言

C++语言既可以作为系统描述语言，也可以作为面向对象又面向过程的混合型程序设计语言。C++语言是 C 语言的一个增强版本，也是另外两种主流的面向对象的程序设计语言（Java 语言和 C#语言）开发的起始点。C++语言的运行效率高，主要应用于科学计算、操作系统开发、引擎开发等方面。

3. Java 语言

Java 语言是 1995 年由 SUN 公司推出的面向对象的程序设计语言。Java 语言采用虚拟机技术，其源程序经编译后生成字节代码，再经过解释后进一步执行，并可在任何环境下运行。Java 语言具有安全、简单、跨平台、多线程、面向对象、稳定性好、可靠性高、可移植性强等显著特点，是目前比较流行的网络编程语言。Java 语言主要应用于企业级软件开发、安卓移动开发、大数据技术、云计算技术等方向。Java 语言的应用领域非常广泛，覆盖了 IT 行业的大多数领域。

4. Python 语言

Python 语言是一种面向对象的解释型计算机程序设计语言，具有丰富和强大的库。Python 语言已经成为继 Java 语言，C++语言之后的第三大程序设计语言。Python 语言具有简单、开源、库丰富、代码规范、面向对象、可扩展性强、可嵌入性强、可移植性强等特点。Python 语言主要应用于图形处理、科学计算、机器学习和人工智能等方向。

5. PHP 语言

PHP 语言是一种在服务器端执行的多用途脚本语言，可以动态输出页面内容，并使输出不限于 HTML，还能输出 Flash 电影等。PHP 语言主要应用于中小型网站及某些大型网站的网页开发。ASP、PHP、JSP 和.NET 是当前比较流行的 4 种 Web 编程语言。

8.1.4 常用的算法书籍

学习算法，既需要掌握理论知识，也需要加强实践操作。通过学习各种算法，读者应参悟其中的原理，并能够做到举一反三，从而在实践中灵活应用各种算法。

我们向读者推荐一些常用的算法书籍，读者可以扫描下方的二维码，了解更多详情，以便在业余时间自主学习。

【任务拓展】

1．在日常生活中，常用的算法有哪些呢？我们一起来找一找。

生活中的算法无处不在，比如超市收银系统，旅行日程安排，手机话费套餐，作息时间计划等。

2．关注信息技术产业的发展，列举目前比较流行的高级程序设计语言。

模块 9 数字媒体技术

工单 9.1 打开 VR 和 AR 世界的大门

微课视频

【任务目标】

（1）理解虚拟现实和增强现实的定义。

（2）了解 VR 技术和 AR 技术的应用领域和主要特征。

（3）了解 VR 技术的发展趋势。

【任务背景】

姜生是新生科技有限公司的新员工，他经过简单的入职培训后被分配到企划部。在日常工作中，姜生需要接触公司开发的 VR 游戏产品。在此之前，姜生并未了解过 VR 技术。企划部将统一组织新员工参加 VR 技术的相关培训，以便大家更好地了解和掌握 VR 技术。

【任务规划】

任务规划如图 9-1 所示。

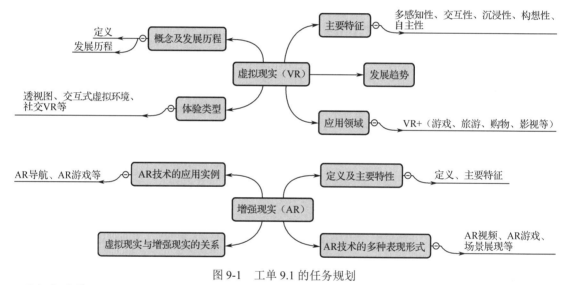

图 9-1 工单 9.1 的任务规划

【任务实施】

9.1.1 虚拟现实

1. 虚拟现实的定义及发展历程

在房间内悬挂一块有弹性的尼龙幕布，利用计算机技术将室外真实的高尔夫球场模拟到一套软件系统中，并通过投影机展现在用户面前的幕布上。当用户在室内挥舞球杆时，画面显示出与真实球场一样的效果，球的飞行角度、旋转方式、击球位置等与在真实球场打球时一样逼真（见图 9-2）。

这就是虚拟现实，用户并未在高尔夫球场中，却可以身临其境地体验打高尔夫球的感觉。让我们一起打开 VR 世界的大门，去领略虚拟现实的魅力。

图 9-2 打高尔夫的虚拟现实体验

（1）虚拟现实的定义。

虚拟现实（Virtual Reality，VR）技术，又被称为灵境技术，是 20 世纪发展起来的一项全新的实用技术。它是一项融合了计算机图形技术、多媒体技术、传感器技术、人机交互技术、网络技术、立体显示技术、心理学及仿真技术等多种科学技术的计算机综合技术。

所谓虚拟现实，顾名思义，就是虚拟和现实相互结合。从理论上来讲，虚拟现实技术是一种可以创建和体验虚拟世界的计算机仿真系统，它利用计算机生成一种模拟环境，使用户沉浸到该环境中。虚拟现实技术就是利用现实生活中的数据，通过计算机技术产生的电子信号，将其与各种输出设备结合，使其转化为能够让用户感受到的现象。这些现象可以是现实中真真切切的物体，也可以是我们肉眼所看不到的物质，通过三维模型表现出来。这些现象不是我们直接能接触到的，而是通过计算机技术模拟出来的。

概括地说，虚拟现实是一种用户通过计算机对复杂数据进行可视化操作的全新方式，与传统的人机界面交互及视窗操作相比，虚拟现实在技术思想上有了质的飞跃。

（2）VR 技术的发展历程。

VR 技术的起源要追溯到 20 世纪 50 年代。自那时起，一直到 20 世纪 80 年代，VR 技术从初步的概念产品逐渐落实到一些具体的行业领域中（见图 9-3）。

20世纪50年代，电影摄影师Morton Heilig研发了数个类VR设备

街机式的多感知电影播放设备 3D影像与立体声的头戴设备 多感知虚拟现实系统

1968年，美国计算机图形学之父Ivan Sutherlan组织开发了第一个计算机图形驱动的头盔显示器及头部位置跟踪系统

头盔显示器及头部位置跟踪系统

1989年，Jaron Lanier第一次正式提出了虚拟现实的概念

虚拟现实的概念 索尼、任天堂等公司推出VR游戏机产品

图 9-3 VR 技术的起步阶段

1990 年至今，这一阶段是虚拟现实理论进一步完善和应用的阶段。1990 年，在美国达拉斯

召开的 Siggraph 会议上，与会者提出 VR 技术包括三维图形生成技术、多传感器交互技术和高分辨率显示技术；之后，著名的 VPL 公司开发出第一套传感手套"DataGloves"和第一套 HMD "EyePhone"；进入 21 世纪，VR 技术高速发展，软件开发系统不断完善，代表性的产品有 Virtual Boy（早期设备）MultiGen VEGA、Open Scene Graph、Virtools、暴风魔镜等（见图 9-4）。

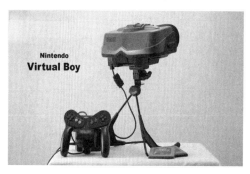

图 9-4　Virtual Boy（早期设备）与暴风魔镜

2．VR 技术的主要特征

（1）多感知性。

多感知性（Multi-Sensory）表示 VR 技术应该拥有很多感知方式，目前大多数 VR 技术所具有的感知功能仅限于视觉、听觉、触觉和运动感知等。

（2）交互性。

交互性（Interactivity）指用户对模拟环境内物体的可操作程度，以及从环境得到反馈的自然程度。使用者进入虚拟空间后，相应的技术让使用者跟环境产生相互作用，当使用者进行某种操作时，周围的环境也会做出某种反应。例如，用户可以用手直接抓取模拟环境中的虚拟物体，这时手会有握着东西的感觉，并可以感觉物体的重量，视野中被抓的物体也能立刻随着手的移动而移动。

（3）沉浸性。

沉浸性（Immersion）又被称为临场感，是 VR 技术最主要的特征，指用户感到作为主角存在于模拟环境中的真实程度。VR 技术的沉浸性取决于用户的感知系统，当使用者感知到虚拟世界的刺激时，包括触觉、味觉、嗅觉、运动感知等，便会产生思维共鸣，造成心理沉浸，感觉如同进入了真实世界。

（4）构想性。

构想性（Imagination）又被称为想象性，指用户进入虚拟空间后，根据自己的感觉与认知能力吸收知识，发散思维，创立新的概念和环境。

（5）自主性。

自主性（Autonomy）指虚拟环境中物体依据物理定律进行运动，并产生一定的物理现象。例如，当物体受到力的推动时，物体会沿着某个方向移动、旋转等。

3．VR 技术的体验类型

VR 技术的体验类型有很多种。

（1）透视图。透视图有多种类型，3D 鸟瞰图便是其中一种。例如，我们为自己创建一个 3D 场景"未来的家"，以鸟瞰的方式（第三人称视角）对其进行观察（见图 9-5）。

（2）第一人称视角体验。在这种体验类型中，用户沉浸在场景内，并且作为一个可以自由移动的角色。用户使用输入控制器（如键盘，游戏手柄或其他工具），可以四处运动并探索这个虚拟场景，比如 3D 室内虚拟场景（见图 9-6）。

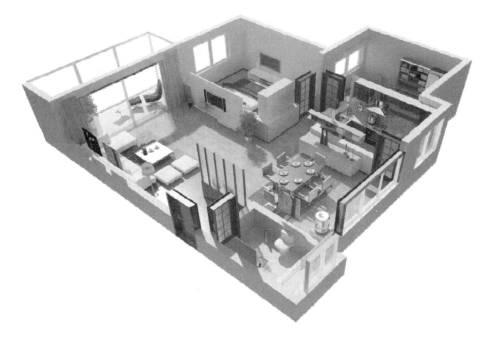

图 9-5　3D 鸟瞰图

图 9-6　3D 室内虚拟场景

（3）交互式虚拟环境。这种体验类型有点像第一人称视角体验，但它还有一个特点，即当用户处在这种环境中时，可以与其中的物体进行交互（见图 9-7）。

图 9-7　交互式虚拟环境

（4）360°全景（见图 9-8）。通过 GoPro 拍摄的全景图片被放在一个球体内部。用户处在球体中并可以观看四周。但也有人认为这种体验类型不属于"纯粹的"VR 技术，因为用户看到的是投影而不是模型渲染。

图 9-8　360°全景

（5）社交 VR（见图 9-9）。多个玩家角色进入同一个 VR 场景中，大家可以彼此看到对方，并且可以相互对话。

图 9-9　社交 VR

4．VR 技术的应用领域

VR 技术的应用十分广泛，Helsel 与 Doherty 于 1993 年对当时的虚拟现实研究项目进行了统计，结果表明：VR 技术在娱乐、教育及艺术方面的应用占据主流，其次是军事、航空、医学、商业、可视化计算、制造业等方面。随着 VR 技术与互联网技术的不断融合，VR+X（应用领域）已经成为一种发展趋势，该模式将彻底颠覆传统行业的商业模式，在新的经济常态下，为各行各业带来新技术、新模式、新机遇。

（1）VR+旅游。

很多人都有环游世界的梦想，但出于各种原因，比如工作繁忙、行动不便、囊中羞涩等，无法前往部分旅游目的地。借助 VR 技术，用户可以体验梦想中的风景名胜（见图 9-10）。例如，2015 年，赞那度旅行网推出了中国第一个"旅行 VR"App，同时发布了中国首部 VR 旅行短片《梦之旅行》。

图 9-10　VR+旅游

（2）VR+教育。

如今，VR 技术已经成为促进教育发展的一种新型手段。

比如在医学教学方面，采用 VR 技术可以逼真地呈现实验实训的场景、设备、用品、工具等，利用 3D 动画演示操作流程，并且可以随意选择某个步骤进行任务操作演示。虚实结合，并配套相关的理论课程，让学生对学习内容有更深刻的认知。教师在教学的同时可以对学生进行实时考核，以便了解学生对知识的理解程度（见图 9-11）。

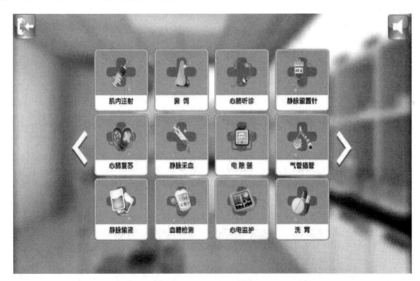

图 9-11　医学方面的 VR 教学实训平台

（3）VR+医疗。

VR 技术在医疗行业中也有广泛的应用，如 VR 手术。VR 手术指利用各种医学影像数据，结合 VR 技术在计算机中建立一个模拟环境，医生借助模拟环境中的信息进行手术计划、训练，以及在实际手术过程中引导手术（见图 9-12）。

（4）VR+影视、游戏。

近年来，由于 VR 技术在影视行业中的广泛应用，9DVR 体验馆（见图 9-13）逐渐火爆起来。9DVR 体验馆自建成以来，在影视娱乐市场中的影响非常大，此体验馆可以让体验者体会到置身于真实场景中的感觉，并沉浸在影片所创造的虚拟环境中。

随着 VR 技术的不断进步，VR 技术在游戏领域中也得到了广泛应用。VR 技术与三维游戏有着密切的联系。VR 技术利用计算机产生三维虚拟空间，而三维游戏刚好是建立在 VR 技术之上的。换言之，三维游戏包含了 VR 技术的大部分内容，由于 VR 技术的应用，使得游戏在保持实时性和交互性的同时，也提升了真实感（图 9-14）。

图 9-12　VR 手术

图 9-13　9DVR 体验馆

图 9-14　VR 游戏

（5）VR+购物、直播。

阿里巴巴于 2015 年开通了 VR 购物"Buy+"，虚拟商店未来可能会替代传统的实体商店，成为人们主要的消费选择。VR 购物可以充分还原真实的购物场景，提高购物时的交互感和真实感。例如，在买衣服时，消费者无须担心衣服是否合身，只要使用 VR 设备，就能看到自己穿上衣服的样子，并据此判断衣服的尺寸和颜色是否合适（见图 9-15）。

图 9-15　VR 试衣

在国外，《纽约时报》推出了首部 VR 全景新闻《流离失所》，观众使用 VR 设备后，可以感受到仿佛与难民处于同一时空中，并体验危机中的难民生存状态。观众抬头便可看见飞机呼啸而过，环顾四周便可看见人群纷至沓来、哄抢食物，难民的生存状态通过第一视角呈现出强烈的感情冲击（见图 9-16）。

图 9-16　VR 全景新闻《流离失所》

（6）VR+艺术创作。

当 VR 技术和艺术作品结合又是一种怎样的体验呢？谷歌公司推出了一款基于 HTC Vive 头盔的 VR 绘画应用——Tilt Brush，可以让用户在 3D 环境下进行 VR 绘画（见图 9-17）。由北京犀牛数码科技有限公司自主开发的 VR 虚拟雕刻设备能让体验者在虚拟环境里通过自己的双手雕刻出艺术作品，并且支持 3D 打印及照相留念，令人爱不释手。

图 9-17　VR 绘画

（7）VR+航天、军事。

人类首次完成太空舱外活动（EVA）距今已过去 50 多年，EVA 的成功与一项技术的发展和利用密切相关，而这项技术起初却被认为一文不值，它就是 VR 技术。早在虚拟现实产业处于起步之时，美国就已经使用 VR 技术训练航天员进行太空行走。

目前，VR 技术在美国航天领域里已发展成为一种非常成熟的训练手段，用于培养航天员执行关键任务（见图 9-18）。

图 9-18　使用索尼 PS VR 设备进行航天训练

由于 VR 技术具有立体感和真实感，在军事方面，人们将地图上的山川地貌、海洋湖泊等数据输入计算机，利用 VR 技术，能将原本平面的地图变成一幅立体的三维地形图，再通过全息技术将其投影出来，从而有助于进行军事演习电子沙盘模拟训练（见图 9-19）。

图 9-19　军事演习电子沙盘模拟训练

（8）VR+主题乐园。

VR雪山吊桥是由国内的一家研究VR技术的公司——北京犀牛数码科技有限公司出品的VR互动体验项目。该项目集成了高清的VR移动头盔、无线定位等技术。VR雪山吊桥已经投入社会化运营，以便让更多的消费者体验到VR技术的魅力（见图9-20）。

图9-20　VR雪山吊桥

2016年被称为"VR元年"，HTC、三星、索尼及Facebook等信息技术行业的巨头都已经推出了自己的VR设备，而VR技术的应用已经不再局限于游戏领域。随着资本和人才的涌入，VR技术的发展变得更加迅猛，小到衣、食、住、行，大到教育、医疗、军事等，我们生活的方方面面都将被VR技术所改变（见图9-21）。

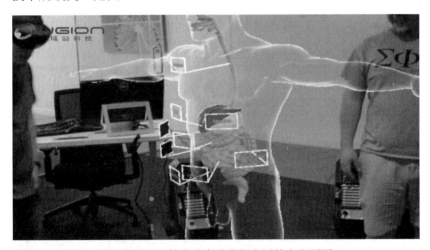

图9-21　VR技术改变着我们生活的方方面面

5．VR技术的发展趋势

VR技术的发展趋势将会分为两个方向。一是朝着桌面虚拟现实发展，二是朝着高性能沉浸式虚拟现实发展。

VR技术的发展，必须关注以下五个方面。

（1）动态环境建模技术。

虚拟环境的建立是VR技术的核心内容，动态环境建模技术的目的是获取实际环境的三维数据，并根据需要建立相应的虚拟环境模型。

（2）实时三维图形生成和显示技术。

三维图形的生成技术已比较成熟，而关键是如何"实时生成"，在不降低图形的质量和复杂程度的前提下，如何提高刷新频率将是今后重点研究的内容。

（3）新型人机交互设备的研制。

在实际应用中，现阶段的人机交互的效果并不理想。因此，新型、便宜、鲁棒性优良的数据手套和数据服将成为未来研究的重要方向。

（4）智能化语音虚拟现实建模。

虚拟现实建模是一个比较复杂的过程，需要花费大量的时间和精力。如果将 VR 技术与智能技术、语音识别技术结合起来，就可以很好地解决这个问题。

（5）网络分布式虚拟现实技术的研究和应用。

分布式虚拟现实技术是今后虚拟现实技术的重要研究方向。将分散的虚拟现实系统或仿真器通过网络连接起来，采用协调一致的结构、标准、协议和数据库，形成一个在时间和空间上相互耦合的虚拟合成环境，参与者可以自由地进行交互。

9.1.2 增强现实

1. 增强现实的定义及主要特征

增强现实（Augmented Reality，AR）技术是一种将真实世界的信息和虚拟世界的信息"无缝"集成的新技术。增强现实技术把真实世界中在一定时间、空间范围内很难体验到的实体信息（视觉信息、听觉信息、味觉信息、触觉信息等）通过计算机模拟仿真后再叠加，形成虚拟的信息并应用到真实世界中。使用增强现实技术可以将真实的环境和虚拟的物体实时地叠加到同一个画面或空间中。

增强现实技术包含了多媒体应用、三维建模、实时视频显示及控制、多传感器融合、实时跟踪及注册、场景融合等新技术手段。增强现实技术提供了在一般场景下的超越现实的感官体验（见图 9-22）。

图 9-22　增强现实技术

增强现实技术作为真实世界和虚拟世界的桥梁，包含以下两方面的主要特征。

增强现实技术的优越性体现在可以让真实的环境和虚拟的物体共存。

增强现实技术可以实现虚拟世界和真实世界的实时同步和自然交互，以便用户在真实世界中亲自体验虚拟世界中的模拟对象，增加了体验的趣味性和互动性。

2. AR 技术的多种表现形式

AR 技术的表现形式如下。

（1）基于 3D 模型的表现形式。这种表现形式实现起来比较简单，在早教和商品展示等领域中有着特殊的作用。

（2）AR视频。AR视频展示的不只是一个静态模型，而是一段视频。通过AR视频，原本枯燥的东西变得生动起来，原本晦涩的内容变得通俗易懂。

（3）场景展现。这种表现形式是基于3D模型表现形式的延伸，其中的内容都是动态的。在场景展现中，人们可以与3D模型进行交互。

（4）AR游戏。AR游戏相比于传统的游戏和VR游戏，省去了场景的建模环节，以真实世界为场景。

随着AR技术的发展，AR技术的表现形式将会越来越丰富。

3．AR技术的应用实例

（1）AR导航。

"钢铁侠在战场上通过AR眼镜扫描周围的物体并收集信息，经过AR眼镜配备的计算机进行分析，呈现在他的眼前，能够立刻获得敌我双方的情报；使用AR眼镜找到目标并进行攻击；钢铁侠的AR眼镜在搭载了贾维斯操作系统后，增加了雷达定位、能量和装备损坏提醒等功能"（见图9-23）。

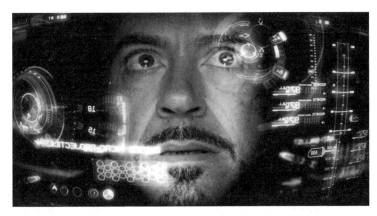

图9-23　电影《钢铁侠》中的AR技术应用

这些电影情景反映了AR技术在未来的应用。从本质上讲，这些应用属于VR导航。目前的AR导航是把导航内容投影在汽车的挡风玻璃上（见图9-24），但是随着AR眼镜的研发与普及，电影中的情景可能会成为现实。

图9-24　AR导航

（2）AR游戏。

随着AR技术的发展，AR游戏应运而生，*Pokémon Go*就是一款非常受欢迎的AR游戏。

玩家使用手机参与游戏时，需要在地图上标注出小精灵的位置，玩家到达该地点后，打开手机摄像头，就可以在手机中看到宠物小精灵（见图9-25）。

图 9-25　*Pokémon GO*

（3）AR 儿童趣学产品。

"快乐成长"是现在中国家庭普遍接受的育儿观，AR 技术也被广泛用于育儿领域。AR 技术结合 3D 模型，可以使传统的儿童娱乐游戏推陈出新，为儿童带来不一样的视觉感受，使他们体验到科技的魅力。

colAR Mix（3D 填色游戏）是一个把传统填色游戏和前沿 AR 技术结合的儿童娱乐产品。它的操作非常简单：为空白的图案填色，然后用手机扫描后，就能得到这个图案的 3D 立体彩色效果。小朋友们都喜欢涂涂画画，填色游戏是比较适合低龄孩子的画图游戏，相比于以往的涂完作罢的方式，colAR Mix 为孩子们提供了一个展示的舞台：360°可旋转的 3D 动画，配上美妙的音乐，就如同一件艺术品（见图9-26）。

图 9-26　colAR Mix

（4）支付宝 AR 实景红包。

在 2016 年，支付宝开发了红包的新玩法——AR 实景红包。AR 实景红包有两种功能：藏红包和找红包，在藏红包的时候，用户需要打开手机摄像头，通过摄像头捕捉图像和用户的位置，将该用户的红包与之对应起来。藏起来的红包是虚拟的，只有通过找红包功能才能发现。在找红包的时候，用户需要到达隐藏红包的位置，打开手机摄像头，当摄像头捕捉到的画面与之前记录的画面一致时，就会有一个可爱的红包图形出现在用户的手机里，并叠加在摄像头捕捉到的真实世界中（见图9-27）。

4．虚拟现实和增强现实的关系

虚拟现实和增强现实都是虚拟成像，但在实现技术上还存在着本质的区别，虚拟现实的视觉呈现方式是阻断人眼与真实环境的连接，通过设备实时渲染的画面，营造一个全新的环境；增强现实的视觉呈现方式是在人眼与真实环境连接的情况下，叠加全息影像，加强其视觉呈现的方式。

图 9-27　支付宝 AR 实景红包

虚拟现实和增强现实的区别主要体现在以下三个方面。

（1）体验不同。

虚拟现实强调用户在虚拟环境中听觉、触觉等感官的完全浸入，强调将用户的感官与真实环境阻断，而完全沉浸在由计算机所控制的信息空间之中。

增强现实不仅没有阻断周围的真实环境，而且强调用户在真实环境中的存在性，并且努力维持其感官效果的一致性。增强现实旨在增强用户对真实环境的理解和体验。因为用户体验的不同，虚拟现实和增强现实的应用领域和场景也有所区别。

（2）核心技术的侧重不同。

虚拟现实主要关注虚拟环境是否给用户提供了优良的体验，其核心技术基于计算机图形学、计算机视觉和运动跟踪等。

增强现实除虚拟现实所用到的技术外，还需要实现对虚拟对象的校准，以保证虚拟对象可以无缝地被叠加在真实环境中，其核心技术是跟踪技术。

（3）终端设备不同。

虚拟现实一般采用浸入式头盔显示器。

增强现实没有完全浸入的要求，配备摄像头或视觉采集装置的设备都可以成为增强现实的终端，包括计算机、手机和增强现实眼镜等。

【任务拓展】

（1）从四个方面了解虚拟现实开发工具与技术（见图 9-28）。

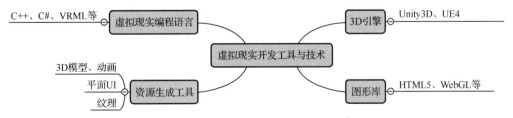

图 9-28　虚拟现实开发工具与技术思维导图

（2）从三个方面了解虚拟现实硬件交互设备（见图9-29）。

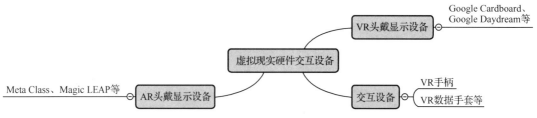

图 9-29　虚拟现实硬件交互设备思维导图

微课视频

工单 9.2　移动端短视频的制作

【任务目标】

（1）了解视频、视频画面的景别、线性编辑与非线性编辑、帧和帧速率等视频编辑的必备知识。

（2）掌握视频制式、数字视频格式、数字音频格式的定义。

（3）掌握视频编辑的流程。

（4）掌握短视频的制作方法。

【任务背景】

我市电视台策划了一档记录高校毕业生毕业纪念的栏目"毕业之歌"，电视台的新员工赵阳，经过简单的入职培训后被派遣到电视台的生活栏目组。在工作中，赵阳需要利用已收集的图片、音频、视频等素材，完成短视频的制作。在此之前，赵阳并未接触过相关软件。后期制作部将统一组织新员工参加短视频编辑的相关培训，以便大家更好地了解和掌握短视频编辑的知识与技能。

【任务规划】

任务规划如图9-30所示。

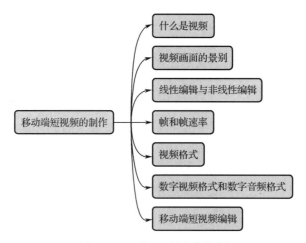

图 9-30　工单 9.2 的任务规划

【任务实施】

9.2.1　什么是视频

视频（Video）泛指将一系列静态影像以电信号的方式加以捕捉、纪录、处理、储存、传送与重现的各种技术。将连续的画面依次播放，当每秒超过 24 帧（frame）时，根据视觉暂留原理，则人眼无法辨别单幅的静态画面，此时人可以看到平滑连续的效果，这就是视频的构成原理。

9.2.2 视频画面的景别

景别就是被摄主体与视频画面之间的大小比例关系，其功能是通过位置变换使观众能够了解视频的内容并突出主题。同时，通过景别还能营造出特定的环境气氛，从而达到引导观众心理、介绍或强调场景细节布局的作用。

远景：主题与画面的比例最小，画面内容大多以环境为主，特点是视野广阔，因此能够起到介绍场景、展示巨大空间或展现事物的规模与气势的作用，同时可以起到抒发情感的目的。

全景：在画面内除含有被摄对象的全貌外，还包含少量的周围环境，其特点是有明显的内容中心。在全景画面中，无论是人物还是景物，其外部轮廓及周围的背景都能够得到充分展现。

中景：当主体人物（成年人）仅有膝盖及以上部分能够出现在画面中时即属于中景画面。

近景：主体人物只有上半身能够进入画面时即属于近景画面。近景画面更容易展现人物在进行心理活动时的面部表情和细微动作，也就是说近景画面能够细致地表现被摄对象的精神面貌及其他主要特征，因而与其他景别相比，近景画面更容易与观众产生交流。

特写：特写是放大被摄对象某一局部的画面，其功能是通过更加细致的展示来揭示特定的思想或其他深层次的含义。特写虽然内容比较单一，却能够起到形象放大、深化主题的作用。因此在表达、刻画人物的心理活动和情绪特点时，特写往往能够达到震撼人心的效果。

9.2.3 线性编辑和非线性编辑

线性编辑：线性编辑是一种按照节目的需求，利用电子手段对原始的素材磁带进行剪接处理，从而形成新的连续画面的技术（以磁带为存储介质）。在线性编辑系统中，工作人员通常使用组合编辑手段将磁带顺序编辑后，以编辑片段的方式对某一段视频画面进行同等长度的替换。但是，如果需要删除、缩短或加长磁带内的某一视频片段，线性编辑就无能为力了。

特点：技术成熟，操作简便，编辑过程复杂，只能按时间顺序进行编辑，线性编辑系统所需的设备较多。

非线性编辑：非线性编辑是以计算机为中心，利用数字化手段编辑视频的技术。从狭义上讲，使用非线性编辑手段剪切、复制和粘贴素材时无须在存储介质上对其进行重新安排；从广义上讲，借助计算机对视频进行非线性编辑的同时，还能实现诸多的处理效果，如添加视觉特技等。

特点：素材浏览，编辑点定位，调整素材长度，素材任意组接，素材的复制和重复使用，便捷的特效制作功能，声音编辑，动画的制作与合成。

9.2.4 帧和帧速率

当一些内容差别很小的静态画面以一定的速率在显示器上播放时，根据人的视觉暂留原理，人会认为这些画面是连续的。构成这种效果的每一幅静态画面被称为"帧"。

帧是组成视频或动画的单个图像，是构成动画的最小单位。

"帧/秒"也叫帧速率，指每秒被捕获的帧数，或者指每秒播放的视频或动画序列的帧数。也可以将帧速率理解为图形处理器每秒能刷新的次数。对影片而言，帧速率指每秒所显示的静止帧数。要生成平滑连贯的动画效果，帧速率一般不小于 8fps；而电影的帧速率为 24fps。捕捉动态视频时，帧速率的数值越高越好。

9.2.5 视频制式

不同的国家采用了不同的视频制式，常用的视频制式主要有 3 种：NTSC 制式、PAL 制式和

SECAM 制式。各种视频制式的帧速率也有所差异。

NTSC 制式（正交平衡调幅制式）由美国全国电视标准委员会制定，分为 NTST-M 和 NTSC-N 等类型。该视频制式的帧速率为 29.97fps。主要被美国、加拿大、日本、韩国等国家和地区采用。

PAL 制式（正交平衡调幅逐行倒相制式）分为 PAL-B、PAL-I、PAL-M、PAL-N、PAL-D 等类型，该视频制式的帧速率为 25fps。主要被中国、英国、澳大利亚、新西兰等国家和地区采用。中国采用的是 PAL-D 制式。

SECAM 制式（顺序传送彩色信号与存储恢复彩色信号制式）也被称为轮换调频制式，主要被法国，以及东欧、中东及部分非洲的国家和地区采用。

电影的帧速率为 24fps。

9.2.6 数字视频格式和数字音频格式

1. 数字视频格式

通过视频设备采集得到的数字视频文件往往很大。通过特定的编码方式对其进行压缩，可以在尽可能保证影像质量的同时控制文件的大小。常见的视频格式及其说明如表 9-1 所示。

表 9-1 常见的视频格式及其说明

格　式	说　明
AVI	Microsoft 公司制定的一种视频格式，是 Premiere、AE 最常见的输出方式。但由于不同的公司和组织提供了很多编码方式，所以导致压缩标准不统一，有时会出现 AVI 格式的文件无法在软件中进行编辑的情况。优点：图像质量好；缺点：文件过大
RM/RMVB	Real 公司主推的两种音频、视频格式，提供高压缩比，缺点是后期制作软件支持的不多，需要转码才能使用
MPEG	DVD、VCD 的编码格式，应用非常广泛，由于其算法不是针对软件编辑的，所以编辑的时候容易出现问题，建议转码后使用
MOV	iPhone、iPad、Mac 上的标准视频格式，同时能被大多数视频编辑软件识别，可以提供文件容量小，质量高的视频，默认的播放器为 QuickTime Player。但在输出的过程中如果不注意的话，容易降低影片的饱和度
WMV	Microsoft 公司主推的网络视频格式，提供高压缩比，在个人计算机上不用安装播放器就能读取，和 PC 端视频编辑软件的兼容性也比较好
FLV	Adobe 公司主推的网络流媒体视频格式，支持流媒体播放，需要转码才能在视频编辑软件中进行编辑

（1）AVI 格式。

AVI 格式是微软公司专门为 Windows 设计的数字视频格式。其优点是兼容性好、调用方便、图像质量好，缺点是占用的存储空间大。

（2）MPEG 格式。

MPEG-1 格式被广泛用于 VCD 与一些可下载的网络视频片段中。使用这种视频格式可以把一部时长为 100 分钟的非数字视频压缩成 1GB 左右的数字视频。这种视频格式的文件扩展名包括 mpeg、.m1v、.mpg 及 VCD 中的.dat 等。

MPEG-2 格式被广泛用于 DVD 中，但所生成的文件较大，相比于 MPEG-1 格式所生成的文件要大 4～8 倍。这种视频格式的文件扩展名包括.mpeg、.m2v、.mpg 及 DVD 中的.vob 等。

MPEG-4 格式所生成文件的大小约为 MPEG-1 格式所生成文件的 1/4。很多在线播放的视频文件使用此视频格式。

2. 数字音频格式

数字音频是以数字信号的方式来记录声音的。数字音频文件也有不同的格式。常见的数字音频格式有 WAV、MIDI、MP3、WMA 等（见表 9-2）。

（1）WAV 格式。

WAV 格式是微软公司开发的一种音频格式，Windows 及其应用程序都支持这种格式。几乎所有的音频编辑软件都识别 WAV 格式。

（2）MP3 格式。

特点：文件小，音质好。

（3）MIDI 格式。

MIDI 是乐器数字接口的英文缩写，是数字音乐/电子合成乐器的国际统一标准。

（4）WMA 格式。

WMA 格式是微软公司开发的一种网络音频格式，适合在线播放。只要计算机安装了 Windows 就可以直接播放 WMA 格式的文件。

表 9-2　常见的音频格式及其说明

格　　式	说　　明
WAV	WAV 格式被绝大多数应用程序所支持；WAV 格式可以有不同的采样频率和信息量，其音质也会不同
AIFF	AIFF 格式是 Mac 的标准音频格式，文件的后缀名为 aif，该音频格式是业界广泛使用的音频格式之一
MP3	MP3 格式是一种有损压缩的音频格式，其压缩率达到 1∶10 甚至 1∶12，可以过滤人耳不太敏感的高频部分；MP3 文件小，同时音质也不错，常用于网络音频文件，Premiere 早期版本和 AE 早期版本不支持 MP3 格式
MIDI	MIDI 格式最初应用在电子乐器上，用于记录乐手的弹奏过程，以便之后重播。MIDI 格式的文件记录的是声音，并通过指挥音源使声音得以重现
WMA	WMA 格式是微软力推的一种音频压缩格式，其压缩率可达 1∶18，文件大小仅为相应的 MP3 格式文件的一半，质量尚可
RM	RM 格式的压缩率可达 1∶96，采用流媒体的方式实现网上实时回放，这种格式的文件在使用传输速率较低的 Modem 时还能流畅回放

9.2.7　移动端短视频编辑

现在以快手、抖音为代表的手机短视频 App 日益火爆，移动端的视频编缉 App 更是层出不穷，它们可以帮助内容生产者、视频生产者快速制作出高质量、高水平的短视频作品。有时即使视频拍摄者的拍摄技术再好，可能也抵不过一款优秀的视频编缉 App 的后期制作。

移动端常用的视频编辑 App 有"快剪辑""小影""剪映""乐秀""巧影"等，下面将以"巧影"为例介绍如何制作含配音和字幕的视频及多视频同框效果。

"巧影"作为一款功能全面的专业短视频编辑 App，适用于安卓系统、iOS 系统，支持多个视频、图片、音频、文字混合编辑。同时，该 App 拥有精准编辑、一键抠图、多层视频、多层混音、多倍变速、多种屏幕尺寸、超高分辨率输出等功能，用户使用起来十分简便。

1. 制作含配音和字幕的视频及多视频同框效果

（1）进入"巧影"App 的主界面，点击"添加项目"按钮，选择"1∶1"视频比例，点击"媒体板"中的"媒体"按钮，进入媒体浏览器，选择添加的视频，在"编辑面板"中点击"平移&缩放"按钮，调整"初始位置"和"结束位置"。

（2）将播放指针放在时间轴的开始位置，点击"层编辑器"中的"媒体"按钮，继续添加第二个视频，调整好位置后，选择该视频，在"编辑面板"中点击"画面调整"按钮，开启"遮罩"功能，在"形状"列表中选择圆角矩形。

（3）将播放指针放在时间轴的开始位置，点击"媒体板"中的"音频"按钮，添加音乐。

（4）将播放指针放在时间轴的开始位置，点击"层编辑器"中的"文本"按钮，输入文本内容，在时间轴上将文本的播放时间调整到 00:00:05 的位置，在时间轴上选中文本，在出现的"编辑面板"中点击"发光"按钮，开启"启用"功能，将"扩展大小"的数值调整为 30。可以为文字分别添加"开场动画"和"结尾动画"效果。

含配音和字幕的视频及多视频同框效果如图 9-31 所示。

图 9-31　含配音和字幕的视频及多视频同框效果

2. 从"巧影"中导出视频

"巧影"具有实时保存功能，不会因为手机切屏而将编辑一半的内容丢失。在未导出视频之前，导入的视频或图片素材都是映射关系，如果把手机相册里的视频或图片删除了，那么这个素材就读不出来了，在视频导出之前，不要删除 App 所引用的手机相册里的图片素材。

点击"导出和共享"按钮，在出现的界面（见图 9-32）中可以调整分辨率，有 1080P、720P 等选项，还可以选择帧率，默认值为 30，还可以调整码率，码率质量越高，视频越清晰，但视频文件也会越大。

图 9-32　导出和分享

模块 10 计算机前沿技术

工单 10 走近计算机前沿技术

【任务目标】

（1）了解大数据、云计算、物联网和人工智能的基本概念、特征。

（2）掌握计算机前沿技术的基本原理。

（3）熟悉计算机前沿技术在生活中的应用。

【任务背景】

近几年，计算机前沿技术取得了巨大的进步，推动了各行各业的发展。作为新时代青年，了解并熟悉计算机前沿知识，掌握计算机前沿技术，是必备的信息素养。

【任务规划】

任务规划如图 10-1 所示。

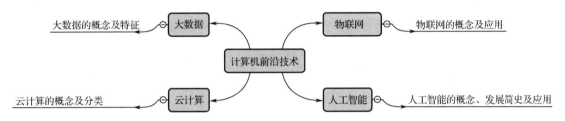

图 10-1 工单 10 的任务规划

【任务实施】

计算机前沿技术包括大数据、云计算、物联网和人工智能。它们之间相互联系，密不可分（见图 10-2）。大数据可以从物联网中采集。云计算可以处理大数据，并对大数据进行存储。云计算和物联网可以实现云端互联。人工智能可以从大数据中学习并训练模型，人工智能可以控制物联网，提供智能处理功能。云计算为人工智能训练模型、运算处理。

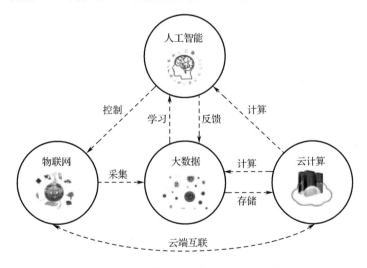

图 10-2 计算机前沿技术之间的关系

10.1.1 大数据

1. 大数据的概念及特征

大数据（Big Data）并没有公认的定义，维基百科给出的定义是：大数据指利用常用的软件工具捕获、管理和处理数据所耗时间超过可容忍时间的数据集。

大数据具有 5V 特征（见图 10-3），分别是 Volume、Variety、Value、Velocity 和 Veracity。Volume 指数据的采集量、计算量和存储量都非常庞大。Variety 指数据的种类多，包括结构化、半结构化和非结构化数据。Value 指数据价值密度较低，从庞大的数据中挖掘有用的信息，犹如浪里淘金。Velocity 指数据增长速度快，处理速度快，获取数据的速度也要快。Veracity 指数据的准确性和可信赖度，研究大数据就是从庞大的网络数据中提取出能够解释和预测现实事件的过程。

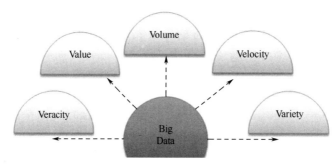

图 10-3　大数据的 5V 特征

2. 大数据的来源

大数据的来源十分广泛。淘宝网每天产生 50TB 的数据，百度网每天产生 60 亿次的搜索请求，一个 800 万像素的摄像头每小时产生 3.6GB 的数据，在医院里一个病人的 CT 影像图约几十吉字节，遥感卫星所记录的数据更是海量数据。大数据主要来自以下 4 个领域：

（1）交易数据。交易数据包括 POS 机数据、信用卡刷卡数据、电子商务数据、互联网点击数据、企业资源规划（ERP）系统数据、销售系统数据、客户关系管理（CRM）系统数据、公司的生产数据、库存数据、订单数据、供应链数据等。

（2）移动通信数据。移动通信设备记录的数据量和数据的完整度常常优于各家互联网公司掌握的数据。移动通信设备上的软件能够追踪很多数据，包括运用软件储存的交易数据、个人信息资料、状态报告等。

（3）人为数据。人为数据包括电子邮件、文档、图片、音频、视频，以及通过微信、博客、抖音等社交媒体产生的数据流。这些数据大多数为非结构性数据，需要用文本分析功能进行分析。

（4）机器和传感器数据。机器和传感器数据包括传感器、仪表和其他功能设备所产生的数据，比如智能温度控制器、智能电表、工厂机器和连接互联网的家用电器所产生的数据。以上这些示例也属于物联网的应用范畴。来自物联网的数据可以用于构建分析模型，连续监测预测性行为，提供规定的指令等。

3. 大数据与传统数据的区别

大数据与传统数据在数据的采集、分析及处理方式上有着显著的区别（见图 10-4）。

4. 大数据和我们的生活

大数据就在我们身边，与我们每个人息息相关。我们每天所进行的上网聊天、网上购物、浏览网页等行为都在不断地增加数据的总量，金融、餐饮、医疗、娱乐等各行各业都已经融入了大数据，大数据为个人生活带来了诸多便利，也为企业带来了更多利润。我们的生活会因大数据而改变。

	传统数据	大数据
数据产生方式	被动采集数据	主动生成数据
数据采集密度	采集密度较低，采样数据有限	利用大数据平台可对需要分析的事件的数据进行密度采样，精确地获取事件的全局数据
数据源	数据源获取较为孤立，不同数据之间添加的数据整合难度较大	利用大数据技术，通过分布式技术、分布式文件系统、分布式数据库等方式对多个数据源获取的数据进行整合处理
数据处理方式	大多采用离线处理的方式，对生成的数据集中分析处理，不对实时产生的数据进行分析	较大的数据源，响应时间要求低的应用可以采取批处理的方式集中计算；响应时间要求高的实时数据采用流处理的方式进行实时计算，并通过对历史数据的分析进行预测分析

图 10-4 大数据与传统数据的区别

10.1.2 云计算

1. 云计算的概念

云计算（Cloud Computing）是网格计算、分布式计算、并行计算、网络存储、虚拟化、负载均衡等传统计算机技术和网络技术发展融合的产物。云计算基于互联网相关服务的使用和交付模式，通过互联网来提供动态伸缩的虚拟化资源共享服务。

云是网络的一种比喻说法，从狭义上讲，云计算指 IT 基础设施的交付和使用模式，即通过网络以按需、易扩展的方式获得诸如服务器、存储器、交换机等设备共享的资源。从广义上讲，云计算指服务的交付和使用模式，即通过网络以按需、易扩展的方式获得所需的服务，如大数据服务、云计算安全服务、弹性计算服务、应用开发的接口服务、互联网应用服务、数据存储备份服务等。

从技术角度看，云计算包含两部分：云设备和云服务。云设备包括服务器，存储器和交换机等。云服务包含用于物理资源虚拟化调度管理的云平台软件和用于向用户提供服务的应用平台软件（见图 10-5）。从商业角度看，云计算相当于电厂，在电力刚刚问世之初，各家各户都自己购买小型发电机发电，随着发电技术的进步，就出现了发电厂可以集中发电，并向用户收取电费。

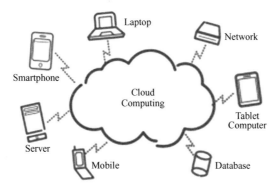

图 10-5 云计算为各种设备提供服务

2. 云计算的分类

云计算的种类非常多，按技术路线可以将其分为资源整合型云计算和资源切分型云计算。资源整合型云计算就是将大量节点的计算资源和存储资源整合后输出，核心技术为分布式计算和存储技术，如 Hadoop、Spark 等。资源切分型云计算最典型的应用就是虚拟机系统，通过虚拟化实现对单个服务器资源的弹性切分，如 KVM、VMware 等。

按部署方式可以将"云"分为公共云、私有云和混合云（见图 10-6）。其中，公共云用户以付费的方式，根据业务需要弹性使用 IT 分配资源，无须自己构建软、硬件基础设施，目前知名的公有云提供商有亚马逊云、阿里云等。私有云一般由一个组织来运营，比如 VMware vCloud Suite 就属于私有云计算产品。混合云则吸收了两者的优点，企业通常把重要的数据保存在私有云里，而把不重要的信息或需对外公开的信息放在公共云里。

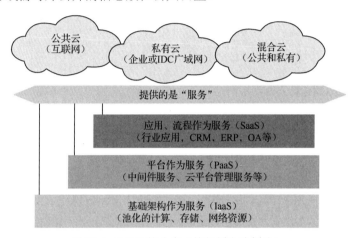

图 10-6 "云"的分类（按部署方式划分）

国内、外排名靠前的云产品分别是亚马逊云、微软云、阿里云、谷歌云。亚马逊云作为全球率先进入云计算领域的公司，积累了很多技术经验，并保持着领先优势。亚马逊云在全球超过 100 个国家和地区开设了 AWS 服务，全球客户总数超过 100 万，亚马逊云在全球 11 个地区部署了服务器，亚马逊在全球约有 200 万台服务器。阿里云是国内最大的云计算公司，其市场份额超过 25%，目前阿里云在全球建立了 13 个数据中心，形成对全球主要互联网市场的基础设施覆盖。

3．云计算对我们的影响

随着云计算的崛起，在线办公、教育云得到普遍应用；地图导航、云存贮、云音乐、云杀毒已经成为我们生活的一部分。云计算为电子商务搭建了坚实的技术基础，促进了电子商务的创新发展。在不久的未来，云计算将会引发各项产业的彻底变革，我们的生活方式也会被改变。

10.1.3 物联网

1．物联网的概念

物联网英文名称为 "The Internet of Things"。由该名称可见，物联网是"物与物相连的互联网"（见图 10-7）。这里有两层意思，第一，物联网的核心和基础仍然是互联网，物联网是在互联网的基础上延伸和扩展的一种网络；第二，物联网的用户端延伸到了任何物品，人和物可以通过互联网进行通信。物联网的定义：通过射频识别器、红外感应器、全球定位系统、激光扫描器等信息传感设备，按照约定的协议，把物体与互联网连接起来进行通信，以实现智能化识别、定位、跟踪、监控和管理的一种网络。

物联网的技术特征是全面感知、互通互连和智慧前行。全面感知解决的是人类社会与物理世界的数据获取问题，其主要的实施方式为识别物体、采集信息，比如利用条码、射频识别器、摄像头、传感器等设备对物体进行实时的信息采集和获取。互连互通解决的是信息传输的问题，其主要的实施方式为通过各种通信网与互联网的融合，将物体的信息接入网络，实时传递和共享信息。智慧运行解决的是计算、处理和决策的问题，其主要的管理机构包括网络管理中心、信息中心和智能处理中心等，其主要的实施方式为信息的深入分析和有效处理。

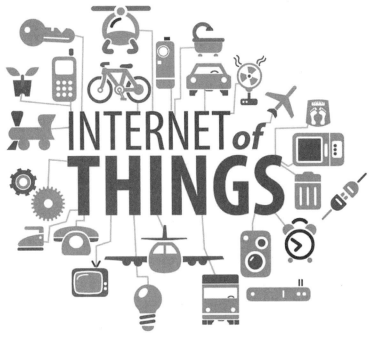

图 10-7　物联网

2．物联网的应用

物联网涉及的应用领域包括家居、医疗、交通、制造、物流、农业等多个方面。可以说未来的各行各业都离不开物联网。

（1）智能家居。

智能家居通过物联网将家中的音频视频系统、照明系统、空调控制系统、网络家电等设备连接到一起，提供家电控制、照明控制、电话远程控制、防盗报警、环境监测、定时控制等功能。此外，智能音箱也已经进入大众的生活中，如天猫精灵、小度在家等。

（2）智慧交通。

物联网与交通的结合主要体现在人、车、路的紧密结合，使得交通环境得到改善，交通安全得到保障，资源利用率在一定程度上得到提高。智慧交通具体应用在智能公交车、共享单车、车联网、智能红绿灯、智慧停车等方面。

（3）智慧医疗。

智慧医疗通过物联网将患者与医护人员、医疗设备有效连接起来。可穿戴设备通过传感器可以监测患者的心率、体能消耗、血压值等。利用 RFID 技术可以监控医疗设备、医疗用品，实现医院的可视化、数字化建设。

（4）智能农业。

在未来的智慧农场里，人们将部署各式传感器（用于获取环境温度、湿度、土壤水分、土壤肥力、二氧化碳、图像等信息），利用无线通信网络实现农业生产环境的智能感知、智能预警、智能决策、智能分析和专家在线指导，为农业生产提供精准化种植、可视化管理和智能化决策服务。也许有一天，农民伯伯只需坐在屋子里，看着计算机屏幕上的各种数据图表，就能做出精准的决策，合理浇水，精准施肥，大大提高农作物的产量。

（5）智慧物流。

物联网主要应用于物流的仓储、运输监测、快递等环节。比如监测货物的温度、湿度和运输车辆的位置、状态、油耗、速度等。从运输效率来看，物流行业的智能化水平得到了显著提高。

虽然以目前的技术，还不能实现真正意义上的万物互联，但是现阶段的物联网正在改变着人类的生活，特别是伴随着 5G 时代的到来，更加快速、便捷的新技术将会带来更深刻的变革。

10.1.4 人工智能

1. 人工智能的基本概念

人工智能（Artificial Intelligence，AI）是一门研究模拟、延伸和扩展人的智能的理论、方法、技术及应用系统的技术学科。人工智能是计算机科学的一个分支，该领域的研究包括机器人技术、语言识别技术、图像识别技术、自然语言处理技术和专家系统等。人工智能是一门极具挑战性的学科，也是一门涉及数学、计算机科学、哲学、认知科学、心理学、信息论、控制论等学科的交叉学科（见图 10-8）。

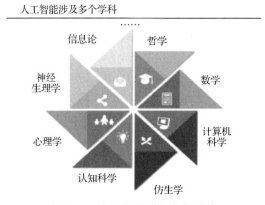

图 10-8　人工智能涉及多个学科

人工智能在某些特定领域中的发展水平已经超越了人类的实践能力，如围棋、图像识别等。相信在未来的几十年里，人工智能会在越来越多的领域取得成果。我们已经进入了人工智能时代，只有学好人工智能的相关技术，才能赢得未来。

2. 人工智能的发展简史

人工智能是伴随着计算机的发展而产生的。在 1946 年，匈牙利裔美籍数学家冯·诺依曼（John von Neumann）提出了"存储程序通用电子计算方案"。随后在 1950 年，英国数学家、计算机和人工智能的先驱阿兰·图灵（Alan Turing）提出图灵测试，为"智能"提供一个满足可操作要求的定义。图灵测试用人类的表现来衡量假设的智能机器的表现，这无疑是评价智能行为的最好且唯一的标准。

被图灵称为"模仿游戏"的测试是这样进行的（见图 10-9）。将一个人与一台机器置于房间中，而与另外一个人分隔开来，并把后一个人称为询问者。询问者不能直接见到房间中的任何一方，也不能与他们说话，只可以通过一个类似终端的文本设备与他们联系。然后，让询问者仅根据收到的答案辨别出对方是机器还是人。如果询问者不能根据答案判断对方是机器还是人，那么根据图灵的理论，就可以认为这个机器是智能的，这就是著名的图灵测试。

图 10-9　图灵测试

　　1956 年 8 月，在美国汉诺斯小镇达特茅斯学院，约翰·麦卡锡（John McCarthy）（见图 10-10）等 5 位科学家正聚在一起，讨论一个完全不食人间烟火的问题：用机器来模仿人类学习及其他方面的智能行为。此次会议历时两个月，虽然大家没有达成普遍的共识，但却为此次讨论的内容起了一个名字——人工智能。

　　人工智能在 60 多年的发展过程中，起起伏伏，跌宕前行。第一次研究热潮为 20 世纪 50 年代到 20 世纪 70 年代，符号主义学派代表人物艾伦·纽厄尔（Allen Newell）和赫伯特·西蒙（Herbert Simon），从数学逻辑出发研制出了被誉为"逻辑理论机"的数学定理证明程序 LT。该程序能够模拟人的思维来证明数学定理。第二次热潮在 20 世纪 80 年代，Feigenbaum 等人研制出了第一个专家系统 DENDRAL，用于识别化合物结构。这种基于规则理论的专家系统应用知识和经验进行推理，最终得出决策结果。第三次热潮从 20 世纪 90 年代末开始，在这个时期基于统计的模型获得巨大的成功。1997 年，在国际象棋比赛中计算机深蓝（Deepblue）战胜世界冠军卡斯帕罗夫。

　　近年来，随着计算机硬件的飞速发展，强大的计算能力可以满足大数据的处理需求，依托于大数据训练的深度神经网络模型得到成功应用。2017 年，人工智能系统 Alphago 打败围棋世界冠军李世石，之后模型得到了改进，具备了自我学习的能力，深度神经网络模型取得巨大成功。这种深度神经网络模型是模拟人脑神经元结构（见图 10-11）而搭建的。

图 10-10　约翰·麦卡锡　　　　　　　　　　图 10-11　人脑神经元结构

科学家模拟人脑神经网络建立 3 层人工神经网络模型（见图 10-12），此模型包括输入层、隐藏层和输出层。层与层之间的神经元互连。一般来说，模型深度越深，训练时间越长，得到的结果越好。2015 年，深度为 152 层的 ReNet 模型在 ILSVRC 竞赛中获得冠军。

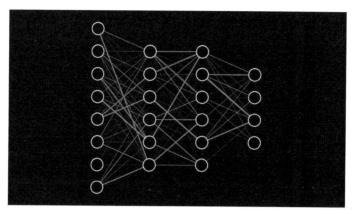

图 10-12　3 层人工神经网络模型

3．人工智能的应用

（1）图像识别技术。

传统的图像识别系统主要由图像分割、图像特征提取及图像识别分类构成。近年来，从文字识别到数字图像处理与识别，高性能芯片、摄像头和深度学习算法的进步都为图像识别技术的发展提供了源源不断的动力。关于深度学习算法，首先要提到 ImageNet 数据集（见图 10-13），这个数据集包含了约 1400 万张图片，涵盖 2 万多个类别。如今，关于图像分类、定位、检测等研究工作大多基于此数据集展开。ImageNet 数据集几乎成为深度学习在图像领域算法性能检测的"标准"数据集。深度学习算法之一的卷积神经网络是一种为了处理二维输入数据而设计的多层人工神经网络，这种网络把图像分类的准确率提高到更高的水平，从而得到广泛的应用。图像识别在智能家居、金融、医疗及交通领域中都有着广泛的应用。

图 10-13　ImageNet 数据集

将图像识别技术应用于医疗领域，可以更精准、快速地分辨 X 光片、MRI 和 CT 扫描等。图像识别技术也被广泛应用于交通运输领域，如交通违章检测、交通拥堵检测、信号灯识别等。

（2）人脸识别技术。

在智能家居领域，自动报警系统（见图 10-14）通过人脸识别技术识别出摄像头获取的图像内容。若发现可疑的人（或物），则及时报警给主人。人脸识别技术在安防领域的应用较多，尤其在视频监控方面，可以直接从视频画面中提取出"人"的信息。

图 10-14　自动报警系统

在金融领域，通过人脸识别技术（见图 10-15）进行一系列的验证、匹配和判定操作，从而快速完成身份的核验。身份识别和智能支付能够提高交易的效率和安全性。当前，这种技术已经在各级金融部门中得到广泛的应用。

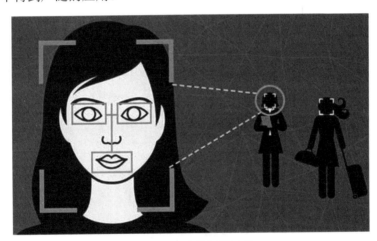

图 10-15　人脸识别技术

（3）语音识别技术。

语音识别技术也被称为自动语音识别技术，其目标是将人类语音中的词汇内容转换为相应的文字。在深度学习中使用递归神经网络建立声学模型，自动完成语音识别，取得了很好的效果。语音识别技术的应用包括语音拨号、语音导航、室内设备控制等。在语音输入方面，通过语音识别输入文字，最高识别速度能达到 400 字/分钟，比普通键盘的输入效率更高。科大讯飞公司研发的语音输入系统，不仅支持中文录入、中文转英文等功能，还支持粤语、四川话、东北话、上海话、闽南语等多种方言的输入。

语音识别技术与其他自然语言处理技术（如机器翻译及语音合成技术）相结合，可以构建出更复杂的应用，如同声传译（见图 10-16），现已应用在不同国家领导人之间的会谈中。

图 10-16　同声传译

　　个人语音助理是语音识别技术的应用方向之一，聊天机器人可以完成与人的正常交流（见图 10-17）。个人语音助理"微软小冰"是微软公司推出的一个人工智能聊天机器人，它可以创作诗歌、撰写新闻、主持节目。Siri 是一款内置在 iOS 系统中的人工智能助理软件。利用自然语言处理技术，用户可以使用自然语言与手机进行交互，完成搜索数据、查询天气等多种服务。

图 10-17　聊天机器人

（4）自动驾驶技术。

　　自动驾驶是人工智能中综合程度非常高的应用领域。当前人工智能的主要细分技术（包括机器视觉、深度学习、强化学习、传感器应用等）均在自动驾驶领域中发挥着重要作用。深度学习用于环境感知，强化学习用于控制行为的决策模型，传感器可以识别障碍物，这样就可以构成一个完整的自动驾驶系统。近几年，国内、外的各类大型企业纷纷加强在自动驾驶领域的研发投入，尤其是非传统汽车厂商，如特斯拉汽车、小鹏汽车等，还有部分互联网企业也开始尝试自动驾驶技术的研究，如谷歌公司、百度公司、华为公司等。我们可以想象在未来的某个时候，大量自动驾驶的汽车会行驶在道路上（见图 10-18）。

图 10-18　自动驾驶的汽车

【任务拓展】

任务拓展思维导图如图 10-19 所示。

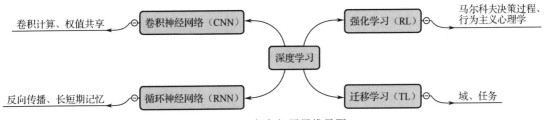

图 10-19　任务拓展思维导图

1．通过思维导图，了解"深度学习"

当前实现人工智能的最新技术是深度神经网络，也就是大家都在说的"深度学习"。深度学习包括卷积神经网络、循环神经网络、强化学习和迁移学习等。

2．讨论并回答

（1）举例说明生活中与我们密切相关的大数据。

（2）"公有云"和"私有云"的区别在哪里？

（3）请上网查询"阿里云"的相关信息。

（4）不久的未来，物联网将全面"植入"我们的生活，我们的衣服、手机包、眼镜以及一些随身携带的东西都可以嵌入电子芯片，实现全面互联。请大家畅想一下未来的世界。

（5）举例说明你身边的人工智能的应用案例。

（6）除图灵测试外，你还有更好的办法测试机器是否智能吗？

（7）科幻电影中所描述的 100 年后的人类世界被人工智能技术所控制的局面，你认为可能发生吗？

华信SPOC官方公众号

欢迎广大院校师生 **免费**注册应用

www. hxspoc. cn

华信SPOC在线学习平台

专注教学

教学课件
师生实时同步

数百门精品课
数万种教学资源

多种在线工具
轻松翻转课堂

电脑端和手机端（微信）使用

测试、讨论、
投票、弹幕……
互动手段多样

一键引用，快捷开课
自主上传，个性建课

教学数据全记录
专业分析，便捷导出

登录 www. hxspoc. cn 检索 华信SPOC 使用教程 获取更多

华信SPOC宣传片

教学服务QQ群： 1042940196
教学服务电话：010-88254578/010-88254481
教学服务邮箱： hxspoc@phei. com. cn

電子工業出版社·
PUBLISHING HOUSE OF ELECTRONICS INDUSTRY
华信教育研究所